美国MCM/ICM竞赛指导丛书

美国大学生数学建模
竞赛题解析与研究

第 **6** 辑

U0274267

佘红伟　张　莹　肖华勇
蔡　力　潘璐璐　周丙常

高等教育出版社·北京

内容提要

　　本系列丛书是以美国大学生数学建模竞赛（MCM/ICM）赛题为主要研究对象，结合竞赛特等奖的优秀论文，对相关的问题做深入细致的解析与研究。本辑针对 2011 年及 2012 年 MCM/ICM 竞赛的 6 个题目：单板滑雪场设计问题、中继器协调问题、电动汽车的未来、一棵树的叶子、大隆河露营问题以及抓捕罪犯模型等进行了解析与研究。

　　本书内容新颖、实用性强，可用于指导学生参加美国大学生数学建模竞赛，也可作为本科生、研究生学习和准备全国大学生、研究生数学建模竞赛的参考书，同时也可供研究相关问题的师生参考使用。

图书在版编目（CIP）数据

　　美国大学生数学建模竞赛题解析与研究 . 第 6 辑 / 佘红伟等编著 . -- 北京：高等教育出版社，2018.3
　　（美国 MCM/ICM 竞赛指导丛书 / 王杰主编）
　　ISBN 978-7-04-049292-7

　　Ⅰ.①美… Ⅱ.①佘… Ⅲ.①数学模型 – 竞赛题 – 研究 Ⅳ.① O141.4-44

　　中国版本图书馆 CIP 数据核字（2018）第 020191 号

Meiguo Daxuesheng Shuxue Jianmo Jingsaiti Jiexi yu Yanjiu

策划编辑	刘　英	责任编辑　刘　英	封面设计　李卫青		版式设计　童　丹
插图绘制	于　博	责任校对　王　雨	责任印制　田　甜		

出版发行	高等教育出版社		网　　址	http://www.hep.edu.cn
社　　址	北京市西城区德外大街4号			http://www.hep.com.cn
邮政编码	100120		网上订购	http://www.hepmall.com.cn
印　　刷	三河市宏图印务有限公司			http://www.hepmall.com
开　　本	787mm×1092mm 1/16			http://www.hepmall.cn
印　　张	13.75			
字　　数	220千字		版　　次	2018 年 3 月第 1 版
购书热线	010-58581118		印　　次	2018 年 3 月第 1 次印刷
咨询电话	400-810-0598		定　　价	49.00 元

本书如有缺页、倒页、脱页等质量问题，请到所购图书销售部门联系调换
版权所有　侵权必究
物料号　49292-00

"美国 MCM/ICM 竞赛指导丛书"
编审委员会

COMAP 总裁序

美国大学生数学建模竞赛 (the Mathematical Contest in Modeling, MCM) 已经举办近 30 年了，时间真是快得难以置信。在此期间，竞赛从最初参赛的 90 支美国队逐渐发展成为一个国际大赛，今年已有来自世界各地的 25 个国家超过 5000 支队伍参赛。尤其令人感动和鼓舞的是，我的中国同行们对竞赛赋予的极大热情以及中国参赛队伍的快速增长。COMAP 张开双臂欢迎你们的参与。

COMAP 每年举办三类建模竞赛，即 MCM、ICM (the Interdisciplinary Contest in Modeling) 和 HiMCM (the High School Mathematical Contest in Modeling) 竞赛。竞赛的目的不仅仅是奖励同学们所作出的努力 —— 无疑这是同样重要的，我们举办各类数学建模竞赛的目的始终是为了推动在世界各国的各级教育体系中增加应用数学及数学建模的比重。建模是人们为了解世间事物的运作规律所做的尝试，数学的使用能够帮助我们建立更好的模型。这不是一个国家的任务，而是所有国家都应该共同关心的问题。COMAP 建模竞赛从孕育到现在已经演变成为实现这一宏伟目标的有力工具。

我热切地希望同学们通过阅读这套优秀的丛书，对 COMAP 举办的竞赛有更多的了解，并且学到更多有关数学建模的方法与过程。我希望同学们尝试自己解决丛书中讨论的所有建模问题，这些都是令人兴奋并且具有实用价值的问题。我希望更多的同学参加 MCM/ICM 竞赛，并参与推广和普及数学建模的活动，这是很有意义的工作。

Sol Garfunkel, 博士
COMAP总裁
2012 年 11 月

MCM 竞赛主席序

数学建模是一项具有挑战性的活动，不但新手有这样的感觉，已经从事数学建模多年的专家也会有这样的感觉。积累建模经验无疑能提升解题的效率，但绝不可指望照搬前一个问题的解决方法到新问题的求解上。时间和环境的改变会影响模型参数和假设条件的设立，某些参数或许需要放大，某些假设或许需要更改，某些参数或假设或许需要舍弃。原本已经很清楚的问题，即使参数和假设都不变，仍有可能仅仅因为需要回答新的问题而变得难解。

数学建模的这些特点使参加 MCM 竞赛变得意义非凡。无论竞赛结果如何，同学们愿意付出一段自己的时间去思考和解决一个不熟悉的问题，仅此一点就足以体现同学们的强烈求知欲望和进取精神。而参加建模竞赛所体验到的成就感以及所获得的结果对知识的贡献，无疑会吸引更多的同学参加数学建模活动，好比打高尔夫球，击出的好球能改变原本寻常的局面，并希望继续打下一场。

我的一位作家朋友说，小说能使读者获得心灵感应，作者用文字向读者描绘一个场景、表达一个想法或者叙述脑海中的一个情节，如果写得好，就能使世界另一边的读者"看"到作者想要表达的意图和景象。数学教学特别是数学建模的教学，在许多方面也是一个类似的过程。

作为教育者，我们使用各种符号、图表、文本和图像向学生们解释难懂的概念，希望同学们能从其中一些表述方式中对这些概念获得更深刻的认识，并以此为立足点建立自己的符合逻辑的理解。这种理解能帮助同学们在数学、科学及工程领域获得创意，这些创意是无法通过其他手段获得的。模式匹配和模仿，虽然表面上也许能产生类似的结果，但却不能从根本上激发创新。

自 MCM 竞赛开办之初，我们发表了许多评委对如何将数学建模恰如其分地融入竞赛论文方面的建议和评论，其目的是帮助新参加数学建模的团队和机构了解 MCM 竞赛的宗旨及细节、指导教师在帮助团队准备参赛中的重要性以及如何在有限的时间内完成 MCM 竞赛所要求的各项任务。

建议参加 MCM 竞赛的同学, 即使已经受过良好的数学建模训练, 在递交论文前也应按这些忠告详细检查论文内容的完整性。这些忠告不是给同学们提供按部就班的取胜秘诀, 而是提供一个框架, 帮助团队作为努力的起点和努力的方向, 取得满意的成绩。

生活中许多事情不可急于求成, 没有捷径可走, 学习现有的技巧和模板能够有所帮助, 但理解需要时间。数学建模也是如此。正因为这样, 每个团队的解答都是特别的, 我们必须牢记这一点。

Patrick J. Driscoll 博士

美国西点军校运筹学教授

MCM 竞赛主席

2016 年 4 月

ICM 竞赛主席序

数学建模的训练与经验能使同学们在解决问题时更有创意，同时也能帮助同学们成为更为优秀的研究生。"美国 MCM/ICM 竞赛指导丛书"的出版，将通过对数学建模竞赛题目和概念的解析，帮助同学们掌握数学建模的技能，并为同学们在今后的工作中获得成功打下坚实的基础。

数学建模是一种过程，也是一种理念，或者说是一种哲学。作为过程，学生在理解及使用建模过程或框架时需要指导并积累经验。作为经验，学生需要使用不同的数学方法 (离散、连续、线性、非线性、随机、几何及分析) 构造数学模型，从中体验不同的细节及复杂程度。作为理念，学生需要发现各种相关的、具有挑战性的及有趣的实际问题，从中培养数学建模的兴趣，并认识到数学建模在实际生活中的作用。数学建模的主要目的是指导学生用建模的方法解决实际问题。尽管在实际中，有些问题或许可以使用已有的算法和公式来求解，但数学建模的方法比简单使用已有算法和公式能解决更多的问题，特别是解决新的、没有固定答案及没有被解决过的问题。

为了积累经验，同学们应尽早地接受数学建模的训练，至少应该在大学低年级就开始，这样可以在以后的课程学习中进一步强化数学建模能力。由于数学建模的综合与交叉特性，所以各个专业的学生都能够从数学建模活动中受益。

本套丛书将数学模型作为研究工具的角度出发，包括介绍模型的构造，分析建模过程，这些都是帮助学生更好地掌握数学建模技能的重要因素。数学建模是充满挑战的高级技能，更重要的是能够帮助学生更快地成长。当今世界需要解决的问题往往很复杂，所以建立的数学模型也很复杂，通常需要通过精细的计算和模拟才能获得解答或得到对模型结果的分析与检验。由于数据可视化技术的普及，解题方法的增加，所以现在是培养更多数学建模高手的最佳时期。

我希望同学们在数学建模探索中取得进步，也希望指导教师在使用这套丛书提供的例子及方法指导学生时取得更好的效果。尽管学生的层次可能不同,但我对你们的忠告是同样的: 树立你的信心、发挥你的技能, 用你的才能解决社会中最具挑战性及最重要的问题。祝各位建模好运!

Chris Arney, 博士

美国西点军校数学系教授

ICM 竞赛主席

2011 年 10 月

丛书简介

美国大学生数学建模竞赛 (the Mathematical Contest in Modeling, MCM/the Interdisciplinary Contest in Modeling, ICM), 即 "数学建模竞赛" 和 "交叉学科建模竞赛", 是一项国际级的竞赛活动, 为现今各类数学建模竞赛的鼻祖。

1985 年, 在美国教育部的资助下, 美国数学与应用联合会 (the Consortium for Mathematics and Its Application, COMAP) 针对在校大学生创办了一个名为 "数学建模竞赛" 的赛事, 其宗旨是鼓励大学师生对不同领域的各种实际问题进行阐明、分析并提出解决方案。它是一种完全公开的竞赛, 当时共 2 道题目, 参赛形式为学生 3 人组成一队, 在 3 天 (72 小时。近年改为 4 天, 即 96 小时) 内任选一题, 完成数学建模的全过程, 并就问题的重述、简化和假设及其合理性的论述、数学模型的建立和求解 (包括软件)、检验和改进、模型的优缺点及其可能的应用范围与自我评价等内容写出论文。MCM/ICM 非常重视解决方案的原创性、团队合作与交流以及结果的合理性。由专家组成的评阅组进行评阅, 评出优秀论文。除了不允许在竞赛期间与团队外的任何人 (包括指导教师) 讨论赛题之外, 允许使用图书资料、互联网上的资料、任何类型的计算机程序和软件等各种资料和途径, 为参赛学生提供了广阔的创作空间。第一届竞赛时, 只有美国的 158 个队报名参加, 其中只有 90 个队提交了解答论文。2017 年 MCM/ICM 共有 16 928 个队参加, 其中 MCM 有 8843 个队, ICM 有 8085 个队, 遍及五大洲。MCM/ICM 已经成为最著名的国际大学生竞赛之一, 影响极其广泛。

近年来, 已有越来越多的中国学生组队参加美国大学生数学建模竞赛, 涌现出很多被评为优胜论文 (Outstanding Winners) 的佼佼者, 这充分显示出我国大学生参加 MCM/ICM 的积极性与实力。同学们在准备竞赛的时候, 除了在指导教师的帮助下阅读和研究以往竞赛的优胜论文以外, 普遍希望能有一些专门针对美国大学生数学建模竞赛的书籍, 指导和帮助备赛。

"美国 MCM/ICM 竞赛指导丛书" 就是为了满足读者的这一需求而出版的, 目的是帮助学生学习从全局出发, 不受固定模式的限制, 用建模的手段解决开放型问题的研究方法, 并提高写作能力。丛书的读者对象包括参赛学生及对数学建模与算法感兴趣的研究生、专业人员和业余爱好者。

我们邀请到 COMAP 中国合作总监、美国麻省大学罗威尔分校王杰教授担任丛书主编, 他曾为 MCM/ICM 命题并多次参加竞赛论文的终评, 对竞赛具有很多独到的认识。丛书作者来自美国和中国各高校, 他们都是有经验的指导教师, 有的担任过 MCM/ICM 竞赛论文的评委, 有的曾多次带队获奖。

丛书包括 3 个子系列。第一个子系列包括《正确写作美国大学生数学建模竞赛论文》及其第 2 版和若干辑《美国大学生数学建模竞赛题解析与研究》, 前者为指导学生如何正确写作 MCM/ICM 论文的工具书, 后者中的每一辑将讨论若干赛题, 包括问题的背景、分析技巧、建模与测试方法及算法设计, 并引导读者列出进一步研究的课题。第二个子系列包括若干辑《数学建模思想与方法》, 每个专辑结合 MCM/ICM 赛题将数学建模中的某种方法做全面和深入的讲解。第三个子系列为英文系列, 对每年的赛题进行全面和综合的讲解, 每年一辑, 这个子系列同时由 COMAP 负责在海外发行。丛书的最终目标是培养学生多方面的能力, 如数学、编程、写作及课题研究等, 提高学生分析问题、解决问题的水平。丛书相关信息请参考网页 www.mcmbooks.net。

丛书的出版计划得到了美国数学建模专家的广泛支持, COMAP 执行总监 Sol Garfunkel 博士, MCM 竞赛主席、美国西点军校运筹学教授 Patrick Driscoll 博士, 以及 ICM 竞赛主席 (也是 ICM 的发起人)、美国西点军校数学系教授 Chris Arney 博士受邀担任丛书顾问并为丛书作序, 担任丛书顾问的还有 MCM 竞赛前主席、美国海军研究生院工业数学教授 William Fox 博士。我们热切希望通过这套丛书的出版, 进一步调动我国大学生参加 MCM/ICM 的积极性, 增强信心, 并取得满意的成绩。更为重要的是, 提高学生研究和解决实际问题的能力。

前言

美国大学生数学建模竞赛分为 MCM (Mathematical Contest in Modeling) 和 ICM (Interdisciplinary Contest in Modeling) 两种。该竞赛自 1985 年开始，至今已经 30 余年。在 2015 年前，每年赛题都为 3 题，其中 MCM 2 题，ICM 1 题。自 2016 年开始变为 6 题，其中 MCM 3 题，ICM 也为 3 题。美国大学生数学建模竞赛的宗旨是鼓励大学生运用所学的知识 (包括数学知识及其他方面的知识) 去参与解决实际问题。这些实际问题并不限于某个特定领域，可以涉及非常广泛的、并不固定的范围。一般没有事先设定的标准答案，有充分的空间供参赛者展示其聪明才智和创造精神，可促进应用型与创造型人才的培养。美赛题目的特点是题材广泛，通常与实际问题联系密切，具有应用性、探究性、开放性和挑战性。

2011 年和 2012 年的赛题同样具有这样的特点。2011 年 MCM 的 A 题是 "Snowboard Course"，探讨的是如何设计优化一个单板滑雪场，使得一个熟练的单板滑雪选手在离开 U 型池的边缘后，最大限度地产生垂直腾空高度来保证完成各种空中技巧。该年 MCM 的 B 题是 "Repeater Coordination"，需要参赛者研究的是信号传输领域的中继器部署问题，并考虑山区情形。该年 ICM 的 C 题是 "How environmentally and economically sound are electric vehicles?"，要求参赛者探讨电动汽车未来的发展，以及对电动汽车和燃油汽车对环境污染的对比分析，电动汽车未来带来的经济效益和便利之处。2012 年 MCM 的 A 题是 "The Leaves of a Tree"，要求参赛者建立模型估计一棵树上叶子的质量，并对不同的叶子进行分类，探讨叶子形状与树的轮廓和分支结构的关系。该年 MCM 的 B 题为 "Camping along the Big Long River"，该问题要求合理安排到大隆河漂流的游客露营问题，需要参赛者建立数学模型给出最优方案，并向管理者提出合理建议。该年 ICM 的 C 题为 "Modeling for Crime Busting"，要求参赛者建立网络模型有效地识别罪犯，并将该方法推广到其他网络。

这些问题具有很强的前沿性、现实性和应用性。参赛者需要查找很多资料和数据，在组内进行充分的讨论，经过艰苦的 4 天 4 夜才能完成赛题。在参赛过程中，既需要建立合适的数学模型，也需要大量的编程计算，最后还要用英文写成一篇漂亮的论文。通过这样一次参赛，锻炼了参赛者的多种能力，参赛者如同进行了一次小型的科研项目。很多参赛者一次参赛，终身受益和难忘。

本辑就 2011、2012 年 MCM/ICM 的 A、B 和 C 题共 6 道赛题的若干数学建模方法，结合当年获奖的优秀论文进行了介绍和分析。本辑由佘红伟撰写第 1 章，张莹撰写第 2 章，肖华勇撰写第 3 章，蔡力撰写第 4 章，潘璐璐撰写第 5 章，周丙常撰写第 6 章。肖华勇负责组稿和统稿。

希望本书对参加美国数学建模竞赛的同学和老师有所帮助。书中不妥之处，敬请读者批评指正。

肖华勇

2017 年 12 月

目录

第 1 章　单板滑雪场设计问题

1.1　问题的综述

1.1.1　问题的提出

单板滑雪场设计问题是 2011 年美国大学生数学建模竞赛的 A 题, 研究如何设计优化一个单板滑雪场, 使得一个熟练的单板滑雪选手在离开 U 型池的边缘后, 最大限度地产生垂直腾空高度来保证完成各种空中技巧. 题目如下:

单板滑雪场

请设计一个单板滑雪场 (现为 "半管" 或称为 "U 型池") 的形状, 以便能使熟练的单板滑雪选手最大限度地产生垂直腾空.

"垂直腾空" 是超出 "U 型池" 边缘以上的最大垂直距离.

定制形状时要优化其他可能的要求, 如在空中产生最大的身体扭转度.

在开发 "实用的" 场地时, 还有哪些权衡因素可能需要?

问题的原文如下 [1]:

Snowboard Course

Determine the shape of a snowboard course (currently known as a "halfpipe") to maximize the production of "vertical air" by a skilled snowboarder.

"Vertical air" is the maximum vertical distance above the edge of the halfpipe.

Tailor the shape to optimize other possible requirements, such as maximum twist in the air.

What tradeoffs may be required to develop a "practical" course?

1.1.2   问题的分析

单板滑雪自 1998 年日本长野冬奥会开始成为奥运会正式比赛项目. U 型池
单板滑雪是一个空中技巧项目, 通常由运动员在由雪筑成的 U 型池内完成. U 型
池尺寸没有严格的规定[2]. 奥运会和世界杯的 U 型池场地一般长 160 ~ 200 m,
宽 16 ~ 20 m, 深 6.0 m, 建造在一个约 18° 的斜坡上[3], 如图 1–1 所示. 实际上
自 1998 年进入奥运会以来, U 型池的尺寸也一直在变化, 表 1–1 给出了 1998 年
以来的几届冬季奥运会 U 型池的尺寸, 可以看出, 一个总的趋势是壁的高度 (从
U 型池底到 U 型池边缘的垂直高度) 在增加. U 型池一般建在山丘上, 山丘的坡
度可以使得势能转换为动能, 为运动员提供速度并产生最大的垂直腾空高度. 运
动员在两个方向来回上下斜坡, 通过势能与动能的相互转化, 获得需要的垂直腾
空高度以保证空中技巧动作的完成.

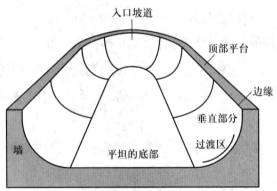

图 1–1   奥运会或世界杯的标准 U 型池图
(图片来源: 文献 [3])

表 1–1   1998 — 2010 年冬季奥运会 U 型池场地近似尺寸

冬季奥运会信息		U 型池场地近似尺寸			
年份	举办地	长度 /m	坡度 /°	宽度 /m	高度 /m
1998	长野	120	18.0	15.0	3.5
2002	盐湖城	160	—	16.5	4.5
2006	都灵	145	16.5	—	5.7
2010	温哥华	160	18.0	18.0	6.0

　　U 型池单板滑雪比赛要求运动员能展现特定的技巧动作, 包括具有挑战性的空中特技动作, 并完美地完成, 腾空高度越高越好. 评委打出的主观评分主要取决于滞空总时间和空中旋转程度. 题目要求设计 U 型池的形状, 使运动员离开 U 型池边缘后能获得最大的垂直高度. 同时, 优化 U 型池形状使之能满足运动员能在空中的各种技巧动作.

　　所以, 题目需要解决的首要问题就是: 设计什么形状的 U 型池, 可以使得运动员在离开池壁时, 既能达到更高的高度, 又能为各种技巧动作提供良好的保证.

　　2011 年美国大学生数学建模竞赛共有 1291 队完成了本赛题的解答, 其中有 4 个队的论文获得特等奖 (Outstanding Winner), 约占总数的 0.31%; 9 个队获得特等奖提名 (Finalist), 约占总数的 0.70%; 156 个队获得一等奖 (Meritorious Winner), 约占总数的 12.08%; 300 个队获得二等奖 (Honorable Mention), 约占总数的 23.24%; 822 个队获得成功参赛奖 (Successful Participant), 约占总数的 63.67%.

1.2　问题的数学模型与结果分析

　　这个问题的复杂性主要体现在, 在对物理状态描述的基础上, 定义所用到的一些变量, 进而建立相应的动力学方程, 并给予量化解释. 问题的要点是, 建立合理的物理模型, 并将它们组合起来, 然后运用数学工具获得充分的数值结果, 进而分析比较不同方法的物理方程, 还需要检验数学模型及解释结果. 大多数参赛队伍都只使用了一个物理方程, 但是一个优秀的论文不能仅仅局限在一两种简单的物理方法上.

　　该问题的解决, 需要具有物理及力学方面的基本知识. 总体来说, 有两种基本的物理学原理, 一是能量守恒关系, 二是牛顿第二定律. 无论怎样确定解决方案, 实际处理过程中都需要扩展为一系列的方程.

　　下面分别介绍两个模型: (1) 基于能量守恒的力学模型, 从一维、二维到三维的模型扩展; (2) 基于横截面轮廓曲线设计的力学模型, 建模时从忽略摩擦到考虑摩擦. 并对各模型的优缺点进行分析比较.

1.2.1　模型一: 基于能量守恒的力学模型

1. 模型假设[4]

(1) 滑雪者不向系统中添加将引起方向改变的力;

(2) 在二维模型上增加一个和滑雪者运动方向相同的力, 来替代滑雪者自己可以施加的力;

(3) 在三维模型中, 增加的力只在 zy 平面上有效.

2. 一维力学模型

(1) 模型描述

能量守恒定律是分析滑雪速度的一种最直接的方法. 通过高度的变化, 势能与动能之间相互转化, 利用能量守恒定律, 可以计算垂直方向的动能并且分析获得的尽可能高的垂直腾空高度 (见图 1–2).

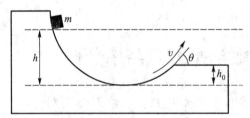

图 1–2　质量为 m 的物块在无摩擦力的 U 型池中的能量转换示意图
(图片来源: 文献 [4])

起始点 i 处和结束点 f 处的动能 EK 与势能 EP 满足基本的能量守恒定律:

$$EK_i + EP_i = EK_f + EP_f \tag{1.1}$$

若假定起始点 i 处的速度 v_i, 起始点 i 处的高度 h_i 与结束点 f 的高度 h_f 满足下列条件:

$$v_i = 0 \tag{1.2}$$

$$h_i > h_f \tag{1.3}$$

则由能量守恒定律可得

$$v = \sqrt{2g(h_i - h_f)} \tag{1.4}$$

毫无疑问, 如果没有外力, 运动员不可能上升到比起始点还要高的高度. 因此, 运动员给腿部施加力是非常重要的, 这个力所做的功 W 如 (1.5) 式所示:

$$W = F_{\text{applied}} d \cos \sigma \tag{1.5}$$

其中 F_{applied} 是滑雪运动员施加的力, d 是垂直方向的距离, σ 是力与垂直方向的夹角. 如果把功 W 考虑到模型中, 则关于速度的方程可以转化为 (1.6) 式的形式:

$$v = \sqrt{2g(h_i - h_f) + 2W} \tag{1.6}$$

根据上述分析可以看出, 更高的速度意味更高的垂直腾空. 另外, 起跳角度也是影响腾空高度的重要因素. 设 θ 是水平方向和速度方向的夹角 (如图 1-2 所示), 则当该角为 90° 时, 速度完全与 z 轴重合, 此时垂直腾空高度最大. 相反, 当它是 0° 时, 速度完全重合于 x 轴, 此时垂直腾空高度最小, 也就是腾空高度为 0.

(2) 模型分析

上述能量守恒模型只是一个分析模型, 为问题研究提供直观的认识. 这里忽略了各种摩擦力并且有施加力, 滑雪运动员的运动限于二维平面. 进一步分析可以看出运动员起跳角度的重要性, 选择起跳角度尽可能接近 90°, 腾空高度才会尽可能大. 一个设想是, 为了获得尽可能高的垂直腾空高度, 可以设计一边高而一边低的赛道, 使得在一侧上产生出更大的动能, 以获得更高的相对高度, 但是运动员是来回在 U 型池内做动作, 因此这是一种不现实的建议.

(3) 模型优缺点

优点:

- 只需要知道高度变化就能得到能量变化, 进而获得垂直腾空高度.
- 系统模拟速度快, 容易改变 U 型池在垂直方向的高度差.
- 模型允许向系统中加入外力功.
- 模型仅仅依赖于初始及最终状态的高度, 而与运动经过的路径无关.

缺点:

- 模型没有提供选择 U 型池形状或者山坡最优坡度的方法.
- 没有考虑任何摩擦力.

3. 二维力学模型

(1) 模型描述

为了建立二维的滑雪运动的路径模型, 用一组线性常微分方程描述作用于滑雪者在 zy 平面上的力学模型 (z 轴正向向下, y 轴正向向右). 这些力主要有作用于滑雪板的重力、摩擦力和空气阻力. 单位质量空气阻力 F_{drag} (空气阻力单位化是为便于后续的计算和分析) 和法向力 N 分别由 (1.7) 式和 (1.8) 式描述:

$$F_{\text{drag}} = \frac{\frac{1}{2}\rho_{\text{air}}ac_d(v_x^2 + v_y^2)}{m} \tag{1.7}$$

$$N = g\cos\theta - \frac{(v_y^2 + v_z^2)}{\rho} \tag{1.8}$$

其中 ρ_{air} 是空气密度, a 是迎风面积, c_d 是阻力系数, v_x 和 v_y 分别是 x 方向和 y 方向的速度分量, ρ 是向心力半径, θ 是运动方向与水平面的夹角, 如图 1–3 所示.

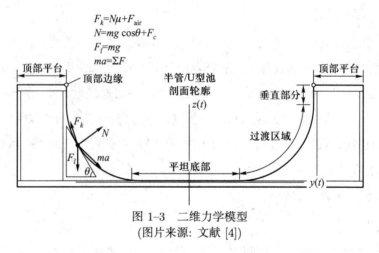

图 1–3　二维力学模型
(图片来源: 文献 [4])

由牛顿运动第二定律 $\sum \boldsymbol{F} = m\boldsymbol{a}$ 可以看出, 滑雪板 y 轴上的作用力等于质量乘以沿 y 轴的加速度. 因此, 在 y 轴和 z 轴可以获得以下两个二阶微分方程:

$$\frac{\mathrm{d}v_y}{\mathrm{d}t} = N\sin\theta - \mu N\cos\theta - F_{dyz}\cos\theta + \rho\cos\theta \tag{1.9}$$

$$\frac{\mathrm{d}v_z}{\mathrm{d}t} = -g + N\cos\theta - \mu N\cos\theta + F_{dyz}\sin\theta - \rho\sin\theta \tag{1.10}$$

式中, μ 是摩擦系数, F_{dyz} 是 zy 平面上的空气阻力.

这两个二阶微分方程可细分为四个一阶微分方程, 可用龙格 – 库塔方法求数值解. 利用该模型可以校正阻力和摩擦力对滑雪板的作用, 这些力与穿过 U 型池的速度大小有关. 还可说明对于不同的形状、不同的摩擦力和阻力会影响总能量损失. 通过施加到滑雪者腿上的力, 模型还可显示滑雪者离开 U 型池上沿时在 z 方向上的速度与滑雪者能获得的垂直腾空高度成正比. 下面假设尺寸相似, 所施加的力恒定, 对三种不同形状的情形逐一分析, 进而确定 U 型池 (如图 1–3 所示) 的最佳横截面形状.

(2) 模型求解

由二维力学模型计算滑雪运动员在相对垂直高度峰值处的最终速度. 将速度分解为 y 和 z 上的分量, 采用以下三种函数曲线比较 z 方向的速度:

① 抛物线 1

$$z(y) = 0.07y^2 - 7 \tag{1.11}$$

② 抛物线 2

$$z(y) = 0.1y^2 - 10 \tag{1.12}$$

③ 圆弧

$$z(y) = \sqrt{100 - y^2} \tag{1.13}$$

为便于比较, 假定所有曲线的起始位置 (z, y) 相同, 并且 y 方向的距离 (即 U 型池的宽度) 相同.

图 1–4 显示了在考虑摩擦力和空气阻力但无运动员施加力的情况下, 滑雪运动员在 zy 平面上的位移状态: 最下面的曲线对应抛物线 1, 中间的曲线对应圆弧, 最上面的曲线对应抛物线 2.

三种曲线所产生的速度变化情况如表 1–2 所示.

表 1–2   三种不同函数在 z 方向和 y 方向所产生的速度

函数类型	z 方向速度 /(m·s^{-1})	y 方向速度 /(m·s^{-1})	初始位置	中点位置
抛物线 1	2.71546	1.357389	(–10, 0)	(0, –10)
圆弧	2.67092	0.139753	(–10, 0)	(0, –10)
抛物线 2	3.54291	2.527488	(–10, 0)	(0, –7)

根据能量守恒定律, 仅仅利用势能, 滑雪者无法达到一个大于他最初高度的高度. 因此, 为了获得更高的高度, 滑雪者必须使用腿部屈伸的方法增加额外的

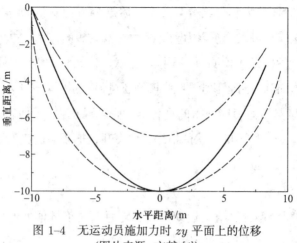

图 1-4　无运动员施加力时 zy 平面上的位移
(图片来源: 文献 [4])

力以得到更大的速度. 图 1-5 所示为滑雪运动员在结束点的位移, 说明了施加力的效应.

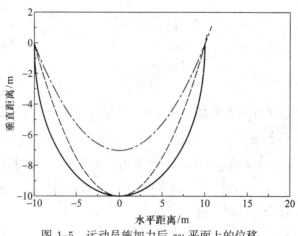

图 1-5　运动员施加力后 zy 平面上的位移
(图片来源: 文献 [4])

　　将问题进一步建模成抛物运动问题, 则可验证三种不同曲线在 z 方向所产生的最大速度, 从而获得最大的垂直腾空高度. 通过对比运算结果, 得到如下结论: 抛物线 1 比抛物线 2 好 23%, 抛物线 2 比圆弧好 1.6%.

　　(3) 模型优缺点

　　优点:

　　• 考虑了基本能量守恒模型所忽略的摩擦阻力.

- 模拟速度快, 并且容易调整 U 型池的垂直高度或宽度.
- U 型池的形状可以改变成任意函数 $z(y)$.

缺点:

- 忽略了由于 U 型池修建在山坡上 (具有倾斜角度) 而带来的加速度.
- 仅仅对 zy 横截面方向上的尺寸进行了优化.

4. 三维力学模型

(1) 模型描述

为了综合考虑三维情况, 建立如图 1-6 所示的三维力学模型. 在该模型中, 主要考虑在 zx 平面上的势能 (在滑雪者滑下山的过程中转变成了动能). 为简单起见, 旋转作用使得法向上的力完全在 z 方向上 (图 1-6).

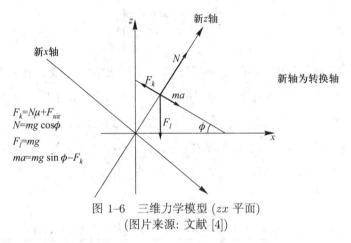

图 1-6 三维力学模型 (zx 平面)
(图片来源: 文献 [4])

该模型的一个关键点是重新定义了坐标系, 这意味着二维模型中 zy 平面内的重力在三维模型中变成了重力乘以 $\cos\phi$, 其中, ϕ 是 U 型池的坡度. 相应方程为

$$\frac{\mathrm{d}v_x}{\mathrm{d}t} = g\sin\phi ma - g\cos\phi\mu - F_{dx} \tag{1.14}$$

$$\frac{\mathrm{d}v_y}{\mathrm{d}t} = N\sin\theta - \mu N\cos\theta - F_{dyz}\cos\theta + \rho\cos\theta \tag{1.15}$$

$$\frac{\mathrm{d}v_z}{\mathrm{d}t} = -g\cos\theta + N\cos\theta - \mu N\sin\theta + F_{dyz}\sin\theta - \rho\sin\theta \tag{1.16}$$

(2) 模型求解

三维力学模型显示在 x、y 和 z 三个方向上都有位移, 如图 1-7 所示.

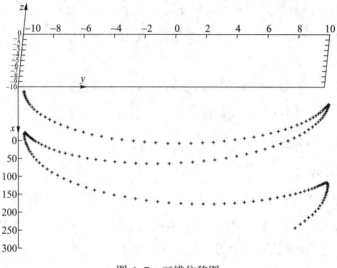

图 1-7　三维位移图
(图片来源: 文献 [4])

为了计算出最好的 U 型池的形状, 考察在 U 型池的垂直点顶部的速度. 同二维模型, 需要计算 y 和 z 两个方向的速度. x 方向速度是滑雪者下坡的行驶速度, 模型不考虑到这点, 忽略它们, 将其转变成垂直高度的部分.

表 1-3 列出前述三种基本曲线对应的 y 方向和 z 方向所产生的速度. 当模拟成抛物运动问题时, 可以在 y 方向和 z 方向产生最大速度, 从而获得最大垂直腾空高度.

表 1-3　三种不同曲线在 y 方向和 z 方向所产生的速度变化

坡度	形状	y 方向速度 /(m·s^{-1})	z 方向速度 /(m·s^{-1})
45°	抛物线 1	2.981	4.232
45°	抛物线 2	1.639	3.307
45°	圆弧	0.129	2.572

对比表 1-3 所列的实验结果, 可以得出: 抛物线 1 比抛物线 2 好, 抛物线 2 比圆弧好.

该模型除了可以分析滑雪运动员从 U 型池的一边到另一边的路径和速度, 还可以分析沿山顶向下的速度, 检验坡道倾斜度对滑雪运动员能获得的垂直腾空高度的影响. 也可用来检验坡度和横截面方程, 通过验证选择最优参数.

(3) 模型优缺点

优点:

- 由于考虑了 U 型池沿山坡下降的坡度, 该模型可以综合考虑 3 个方向的力.

- 允许针对不同的坡度和横截面曲线相结合进行测试.

- 模型参数容易修改.

缺点:

- 没有考虑滑雪者自己采用某些技术使得自己在 x 方向上的速度变化.

- 没有考虑专业滑雪者会自己选择沿 U 型池向下的路径.

5. 该模型的若干结论

- 关于获取最大的垂直腾空高度问题, 通过能量守恒模型中可以得出: 当最终离开池边时的角度接近 90° 时, 升空高度最大.

- 由于滑雪者到达垂直高度的顶部需要足够的速度, 因此二维力学模型的关注点是垂直起跳的最大速度. 通过模拟 3 个不同的曲线 (U 型池斜坡部分), 在 3 种不同的 z 坡度参数下, 可以确定最佳的垂直高度的滑雪道为抛物线

$$y = 0.07x^2 - 7 \tag{1.17}$$

- 在三维力学模型中, 通过评估顶部的垂直速度, 发现山坡有 45° 的坡度时能产生最大的升空距离, 截面曲线为 (1.17) 式的抛物线.

- 该模型找出了最好的形状, 但是没有考虑滑雪者会有各种各样的技巧来改变速度的方向, 如切割雪面和脚扭转等. 对于普通的滑雪场, 则需要相对平缓的坡度.

- 在实际运动中, 滑雪者能够将 x 方向 (沿斜坡向下) 上的速度大部分转换成从 U 型池一侧到另一侧的速度, 从而产生较好的腾空高度. 需要注意的是, 腾空的最大值和在 z 方向上分布的速度有直接关系.

1.2.2 模型二: 基于横截面轮廓曲线设计的力学模型

先忽略摩擦力因素进行建模, 再加入摩擦力因素, 然后定性与定量地分析影响摩擦力 (从而影响腾空速度) 的 U 型曲线内含的几何要素.

1. 模型假设[5]

(1) 对称性: 为保证 U 型池场地能公平地适应右脚运动员和左脚运动员, 同时也为保证运动员能在场地的不同方向完成跳跃, 增强观众在不同视角的观赏性, 假定场地左右对称.

(2) 刚性 (非弹性): 滑雪运动员和滑雪板一起被假定为刚性 (非弹性) 物体.

(3) 质点: 将滑雪运动员和滑板整体假定为单一的质点, 沿 U 型池表面运动.

(4) 摩擦模型: 用库仑模型描述滑雪运动员在整个场地中受到的摩擦力, 在该模型中, 摩擦力正比于法向力.

(5) 连续性: 描述 U 型池表面的曲线光滑或分段光滑.

(6) 场地坡: 垂直腾空被定义为高度分量, 即垂直于场地 (倾斜的) 的长度, 因此只关心 U 型池横截面形状的设计.

(7) 场地截面形状: 场地横截面的曲率方向指向 U 型池场地的内部, 即是凹曲线. 此外, 曲线的末端 (即顶端) 必须近似垂直, 以保证滑雪运动员向空中起跳时尽可能接近垂直. 优秀运动员在离开池壁顶部时, 会用腿蹬池壁, 故池壁顶端最适合的角度应略小于 90°.

2. 无摩擦力模型

在无摩擦力模型中, 根据能量守恒定律, 当滑雪者从最高点落下时, 所有的初始势能都转换成了动能. 横截面最简单的考虑是暂时忽略场地向下的坡度. 在这种模型中, 滑雪运动员的运动过程可以看作从 U 型池一侧到另一侧的来回摆动. 由于不存在摩擦, 这个系统没有衰减, 从而相当于一个单摆. 如果假设场地是半圆形的, 则单摆的长度等于半圆的半径 (即场地高度).

如果假定场地顶端的参考高度为 0, 那么运动员从顶端落下时就有零势能. 由于没有克服摩擦力做功, 且场地是对称的, 任何时候离开顶端和进入顶端时的动能都相等, 因此, 如果假设在参考 0 高度给定一个初始动能, 那么滞空时间就会独立于横截面的曲线类型.

进一步增加约束, 固定场地的高度 h 和宽度 $2l$. 由于该场地是对称的, 因而要求场地截面曲线通过如图 1-8 中的点 A、B 和 C. 在曲线的底部, 需要在两侧各加一个导圆, 可使垂直速度转变成水平速度. 这种曲线对运动员来说是危险的, 因为在转折处他们将难以控制重力加速度. 然而, 它会使运动员迅速获得较高的速度.

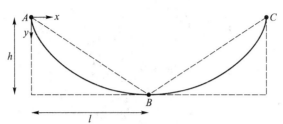

图 1-8   固定高度和宽度的 U 型池截面轮廓曲线方案

(图片来源: 文献 [5])

由上所述, 在无摩擦模型中, 曲线类型不会改变运动员的滞空时间. 然而, 从观众的角度来看, 注视一个缓慢移动的滑雪板运动员会很扫兴. 于是问题变成, 如何找到能让运动员在最短的时间内通过所有点的曲线? 这就是著名的 "最速降线" 问题, 属于变分学领域. 基于对称性的假设, 只需求解曲线的一半.

建立平面坐标系如图 1-8, y 轴正向向下, x 轴正向向右, 设原点 $A = P_0(0, 0)$, $B = P_1(l, h)$, 从 A 运动到 B 所需的总时间记为 T. 根据能量守恒定律, 质量为 m 的滑动物体在任意时刻的动能等于初始高度减少的势能, 即有 $E_K(P_n) = \frac{1}{2}mv^2 = mgy$, g 是重力加速度. 因此得 $v = \sqrt{2gy}$. 由微积分可知, 所求曲线 $y = y(x)$ 的弧长微分为

$$\mathrm{d}s = \sqrt{1 + [y']^2}\,\mathrm{d}x \tag{1.18}$$

也即运动位移微元. 因此运动总时间可表示为

$$T = \int \frac{\text{运动总距离}}{\text{速度}} = \int \frac{\mathrm{d}s}{v} = \int_0^l \frac{\sqrt{1 + [y']^2}}{\sqrt{2gy}}\,\mathrm{d}x \tag{1.19}$$

问题转化为求函数 $y = y(x)$, 使得时间 T 为最小. 利用欧拉 – 拉格朗日方程可得

$$c_2 = c_1\sqrt{2g} = \left(\frac{\sqrt{1 + [y']^2}}{\sqrt{y}}\right) - \left(\frac{[y']^2}{\sqrt{y}\sqrt{1 + [y']^2}}\right) \tag{1.20}$$

其中 c_1 和 c_2 是常数. 由此解得 $y' = \mathrm{d}y/\mathrm{d}x = \sqrt{(\gamma - y)/y}$. 再令 $\sqrt{y/(\gamma - y)} = \tan\varphi$ 解出 $y = \gamma\sin^2\varphi$. 应用链式求导法则得

$$\frac{\mathrm{d}\varphi}{\mathrm{d}x} = \frac{\mathrm{d}\varphi}{\mathrm{d}y} \cdot \frac{\mathrm{d}y}{\mathrm{d}x} = \frac{1}{2\gamma\sin^2\varphi} \tag{1.21}$$

即 $\mathrm{d}x = 2\gamma \sin^2 \varphi \mathrm{d}\varphi$, 再积分得

$$x = \int \mathrm{d}x = 2\gamma \left(\frac{\varphi}{2} - \frac{\sin 2\varphi}{4}\right) + c_3, \quad c_3 \text{ 是常数} \tag{1.22}$$

选择 $A = P_0(0,0)$ 为曲线的起点, 确定 $c_3 = 0$. 令 $\gamma/2 = r$ 和 $2\varphi = \theta$, 得曲线的
参数方程

$$\begin{cases} x = r(\theta - \sin\theta) \\ y = r(\theta - \cos\theta) \end{cases} \tag{1.23}$$

这是摆线方程 —— 半径为 r 的圆上一定点沿着 x 轴无滑动地滚动, 如图
1–9. 因此, 假定无摩擦并且固定高度和宽度, 从观赏的角度看, 理想的 U 型池从
一个顶端到另一个顶端振荡时间最短的曲线是摆线.

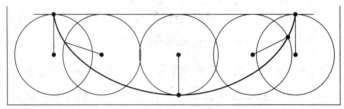

图 1–9　摆线示意图
(图片来源: 文献 [5])

3. 有摩擦力模型

在介绍有摩擦的模型之前, 先引入一些符号和简单的平衡方程.

假定质量为 m 的滑雪运动员沿 U 型池横截面内的任意曲线运动, 记 $\boldsymbol{r}(s)$
是参数为弧长 s 的向径. 建立平面坐标系, x 轴向右为正方向, y 轴向下为正方
向. 曲线上任意一点的单位切矢 $\boldsymbol{T}(s)$、单位法矢 $\boldsymbol{n}(s)$ 及曲率 $\kappa(s)$ 分别为

$$\boldsymbol{T}(s) = \frac{\boldsymbol{r}'(s)}{|\boldsymbol{r}'(s)|} \tag{1.24}$$

$$\boldsymbol{n}(s) = \frac{\boldsymbol{T}'(s)}{|\boldsymbol{T}'(s)|} \tag{1.25}$$

$$\kappa(s) = |\boldsymbol{T}'(s)| \tag{1.26}$$

图 1–10 是自由体的受力图, 表示作用在曲线上特定点的 3 个力的情况.

根据基本物理定律, 在法方向 $\boldsymbol{n}$ 上的力等于向心力 $ma_c = m\kappa v^2$, 其中 a_c 是
向心加速度, v 是滑雪者的速度, κ 是表面的曲率. 因为法向力 N 作用在法线上,

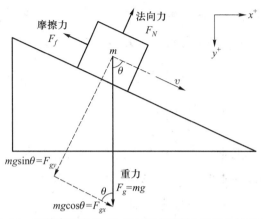

图 1-10 在特定的角度 (θ 相对于水平轴) 的自由体受力图
(图片来源: 文献 [5])

而重力的一个组成部分力 $mg\sin\theta$ 作用于其反方向, 于是 $[N - mg\sin\theta] = m\kappa v^2$. 由于摩擦力与法向力成正比, 摩擦系数为 μ, 因此

$$F(s) = \mu N(s) = \mu[mg\sin\theta(s) + m\kappa(s)v^2(s)]$$

根据能量守恒定律, 滑雪运动员的初始总能量等于在随后某点的总机械能 (动能 E_K 加势能 E_P) 和整个过程中克服摩擦力所做功之和, 即 (以弧长 s 为参数)

$$\{TE(0) = E_K(0) + E_P(0)\} = \left\{TE(s) = E_K(s) + E_P(s) + \int_0^s F(u)\mathrm{d}u\right\} \quad (1.27)$$

其中积分表示沿曲线从 0 到 s 因克服摩擦所损失的能量. 不失一般性, 假设初始势能是零 $E_P(0) = 0$, 初始速度是 $v(0)$, 则上面的方程可以写成

$$E_K(s) = E_K(0) - E_P(s) - \int_0^s F(u)\mathrm{d}u \quad (1.28)$$

根据能量公式 $E_K(s) = \dfrac{1}{2}mv^2(s)$ 和 $E_P(s) = mgr_y(s)$, 则有

$$E_K(s) = \frac{1}{2}mv^2(0) - mgr_y(s) - \mu\int_0^s[mg\sin\theta(u) + m\kappa(u)v^2(u)]\mathrm{d}u \quad (1.29)$$

即为

$$E_K(s) = \frac{1}{2}mv^2(0) - mgr_y(s) - mg\mu\int_0^s mg\sin\theta(u)\mathrm{d}u - 2\mu\int_0^s \kappa(u)E_K(u)\mathrm{d}u \quad (1.30)$$

这里 $r_y(s)$ 是参数曲线上沿 y 轴 (向下的方向) 移动的距离. 积分的第一项 $\sin\theta(u)\mathrm{d}u$ 代表在水平方向上移动的无穷小距离, 可以写作 $\mathrm{d}r_x(u)$. 因此方程变为

$$E_{\mathrm{K}}(s) = \frac{1}{2}mv^2(0) - mgr_y(s) - mg\mu\int_0^s r_x(u)\mathrm{d}u - 2\mu\int_0^s \kappa(u)E_{\mathrm{K}}(u)\mathrm{d}u \qquad (1.31)$$

关注的重点是弧长曲线末端的动能 $E_{\mathrm{K}}(s_{\mathrm{TOTAL}})$, 其中 s_{TOTAL} 是整个横截面内从一端到另一端的曲线总弧长. 场地是对称的, 可设基准高度 $r_y(s=0)=0$, 则在顶端出口处 $r_y(s_{\mathrm{TOTAL}})=0$. 故 (1.31) 式简化为

$$E_{\mathrm{K}}(s_{\mathrm{TOTAL}}) = \frac{1}{2}mv^2(0) - mg\mu w - 2\mu\int_0^{s_{\mathrm{TOTAL}}} \kappa(u)E_{\mathrm{K}}(u)\mathrm{d}u \qquad (1.32)$$

其中 w 是 U 型池从一侧顶端到另一侧的宽度.

将运动员离开 U 型池的速度平方 $\psi(s) := v^2(s)$ 及 $E_{\mathrm{K}}(s_{\mathrm{TOTAL}}) = \frac{1}{2}mv^2(s_{\mathrm{TOTAL}})$, 代入 (1.32) 式, 消去 m, 得到

$$\psi(s_{\mathrm{TOTAL}}) = \psi(0) - 2g\mu w - 2\mu\int_0^{s_{\mathrm{TOTAL}}} \kappa(u)\psi(u)\mathrm{d}u \qquad (1.33)$$

(1.33) 式清楚地表明, 离开速度与质量无关, 故在下面讨论中, 不妨取单位质量 1. 因此可以把动能表示为离开场地时速度的平方 ($E_{\mathrm{K}}(s) \cdot 2 = (m=1) \cdot \psi(s)$, 尺度因子为 2).

下面解释 (1.32) 式中两个摩擦力做功的项. 第一项 $mg\mu w$ 表示沿恒定角度 (如零曲率) 移动时, 法向力所对应的摩擦力的水平分量. 第二项 $2\mu\int_0^{s_{\mathrm{TOTAL}}} \kappa(u) \cdot E_{\mathrm{K}}(u)\mathrm{d}u$ 表示产生向心加速度的法向力所带来的额外摩擦. 在由水平直线连接场地两顶端的简单情况, 第一项的意义是, 在通过长度为 w 的路径时因摩擦失去能量, 需要乘以 $2g\mu$. 至于第二项, 直线具有零曲率 $\kappa(u)=0, \forall 0 \leqslant u \leqslant s_{\mathrm{TOTAL}}$, 从而第二个积分是零. 因此摩擦力做的总功是 $2g\mu w$, 符合直观.

(1.33) 式的解析解很难得到, 但由它可获得如下结论: 摩擦系数 μ 越小, 或横截面宽度 w 越小, 则克服摩擦力做功 $2g\mu w$ 越小, 从而 $\psi(s_{\mathrm{TOTAL}})$ 越大, 获得的腾空高度越大.

但是还必须考虑第二项摩擦力带来的能量损失. 积分项 $2\mu\int_0^{s_{\mathrm{TOTAL}}} \kappa(u) \cdot$

$E_{\mathrm{K}}(u)\mathrm{d}u = E_2$ 包含两个变量: 曲率和弧长, 仅凭直觉无法回答能量损失问题. 实际上, 滑雪板在进入和退出场地时几乎和水平垂直, 因此 U 型池必须有一定的弧度来保证运动中垂直动量和水平动量之间的转换. 如果场地设计为一条水平直线, 而在端点有无穷小的导弧, 则总弧长 s_{TOTAL} 减少而使得 E_2 减少, 导弧的曲率 $\kappa(u)$ 变大却使得 E_2 增大. 因此从直观或数学式很难解释这些干扰因素的共同作用. 基于此, 在考虑摩擦情形下设计模型时, 使用建模和仿真方法, 以发现哪些曲线产生最佳的离开速度 $v(s_{\mathrm{TOTAL}})$.

在欧氏平面内如下选择曲线: (i) 满足所有既定的假设和约束, (ii) 可用弧长作为参数. 下面的 3 条曲线都符合建模要求: 半圆、摆线或扁平椭圆形 (即采用四分之一圆连接末端).

(1) 基于半圆的垂直腾空模型

半圆的参数曲线方程为 $\boldsymbol{r}(\phi) = [r - r\cos\phi, r\sin\phi], \phi \in [0, \pi]$, 其中 r 是半径, ϕ 是始于基准点 (圆心) 的半径与 x 轴的夹角. 由 $\phi = s/r$ 作弧长参数化, 则半圆方程、曲率为

$$r_x(s) = r\left(1 - r\cos\frac{s}{r}\right), \quad r_y(s) = r\sin\frac{s}{r}, \quad \kappa(s) = \frac{1}{r}, \quad w = 2r$$

$$s_{\mathrm{TOTAL}} = \pi r$$

整个模型可以由圆的半径 r 唯一确定.

(2) 基于摆线的垂直腾空模型

摆线也是一个较为简单的曲线模型. 它是最速降线和等时曲线问题在无摩擦假设下的解, 标准参数方程为: $\boldsymbol{r}(\phi) = [r(t - \sin\phi), r(1 - \cos\phi)], \phi \in [0, 2\pi]$. 注意接近两个端点处 ($\phi = 0$ 及 2π) 摆线几乎是垂直的, 因而稍微截短曲线, 近似在 $(\varepsilon, 2\pi - \varepsilon)$ 内, 使得在端点处角度稍微小于垂直角度. 由简单运算可得以弧长 s 为参数的各个量

$$r_x(s) = \frac{s^2(12r - s)}{24r}, \quad r_y(s) = s - \frac{s^2}{8r}, \quad \kappa(s) = \frac{1}{\sqrt{8rs - s^2}}, \quad w = 2\pi r$$

$$s_{\mathrm{TOTAL}} = 8r$$

类似于半圆, 摆线上的运动也可由半径 r 唯一决定.

(3) 基于扁平椭圆形的垂直腾空模型

修改半圆形曲线, 用水平直线段连接两端的四分之一圆, 得到如图 1–11 所示的扁平椭圆形曲线. 与前两种形状都只由一个变量决定不同, 该曲线模型由两个变量决定: 圆截面半径和横向连接线长度.

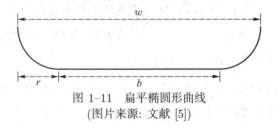

图 1–11 扁平椭圆形曲线
(图片来源: 文献 [5])

这里 $r_x(s)$ 和 $\kappa(u)\mathrm{d}u$ 的半圆部分与半圆模型相似, 底部水平段直线曲率为零, 故 $\kappa(u)\mathrm{d}u = 0$. 因此弧长和水平距离的表达式分别为: $w = b + 2r$ 和 $s_{\text{TOTAL}} = b + \pi r$, 这里 r 是两个四分之一圆的半径, $b \geqslant 0$ 是连接线的长度.

4. 模型求解与分析

上述模型非常灵活, 能够测试许多变量之间的关系. 在解决过程中, 首先设定每个模型场地的宽度是相同的. 一旦宽度固定, 对于上述 3 种含摩擦力模型, 就可以获得速度随弧长变化的函数曲线.

以 2010 年温哥华冬季奥运会 U 型池场地的宽度 $w = 18.0$ m 为例. 对于第三种模型, 取了两个不同的底部长度来计算, $b = 15$ m 和 $b = 5$ m. 相关研究表明, 作用于滑雪板与雪以及空气的摩擦系数 μ 的取值范围在 0.01 和 0.15 之间, 平均值为 0.05. 因此, 在模拟中, 假设摩擦系数 $\mu = 0.05$, 同时, 设定一个初始速度 $v(0) = 20$ m/s. 可得到随弧长变化的速度变化曲线, 如图 1–12 所示.

表 1–4 给出了离开 U 型池另一侧顶端时的速度以及通过的总弧长.

表 1–4 四种曲线的统计结果 (固定宽度和初始速度)

模型	离开速度 /(m·s^{-1})	弧长 /m
半圆模型	15.7	28.3
摆线模型	14.0	22.9
扁平椭圆模型 ($b = 15$ m)	16.5	19.7
扁平椭圆模型 ($b = 5$ m)	16.0	25.4

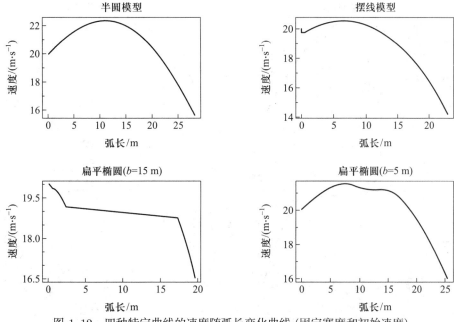

图 1-12 四种特定曲线的速度随弧长变化曲线 (固定宽度和初始速度)

(图片来源: 文献 [5])

为了发现离开速度与弧长的变化关系, 再次仿真, 固定总弧长为 $s_{\text{TOTAL}} = 28.274$ m, 半径为 18.0 m, 结果如图 1-13 所示.

表 1-5 给出了离开 U 型池另一侧顶端时的最终速度和总弧长顶端间的场地宽度.

表 1-5　四种曲线统计结果 (固定总弧长和进入速度)

模型	离开速度 /(m·s^{-1})	场地宽度 /m
半圆模型	15.7	18.0
摆线模型	12.6	22.21
扁平椭圆模型 ($b = 15$ m)	16.1	23.45
扁平椭圆模型 ($b = 5$ m)	15.8	19.82

结果表明, 离开速度在不同的曲线中是不同的.

图 1-14 进一步显示这四条非零摩擦模型曲线, 出口动能随总宽度变化的采样曲线.

结果表明四个样本曲线中最佳截面形状是扁平椭圆形 ($b = 15$). 依据图 1-14, 还可得出如下结论:

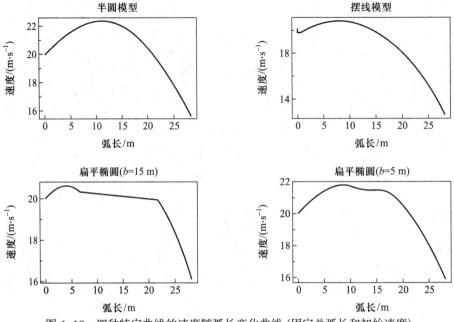

图 1-13 四种特定曲线的速度随弧长变化曲线 (固定总弧长和初始速度)
(图片来源: 文献 [5])

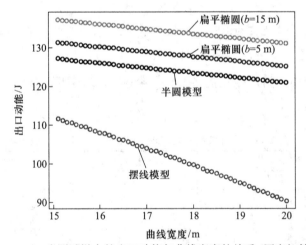

图 1-14 200 个测试样本的出口动能与曲线宽度的关系 (固定初始速度)
(图片来源: 文献 [5])

(1) 半圆曲线可以认为是当 $b \to 0$ 时扁平椭圆形的极限形式. 因此, 如果固定曲线宽度, 则对于所有的 $b > 0$, 扁平椭圆形优于半圆曲线.

(2) 摆线模型和其他曲线相比, 显然在减少摩擦能量损失方面效率更低. 当运动员接近顶端时, 摆线的曲率趋于 0, 运动员几乎是垂直的, 因此可以将摆线从最佳曲线的候选中排除.

(3) 在上述模型中, 假定运动员沿曲线以 0.01 µm 的步长前进. 显然有些误差是因连续曲线的离散化造成的, 因为对于一个固定宽度, 上面的圆点代表着不同的大小, 在最适合曲线上产生了跳跃. 无论如何, 这个误差很小, 并且取更小的步长时, 结果相似. 因此, 可以认为上述结论是正确的.

为了研究底部水平段是否越长越好, 设定 U 型池的宽度为 $w = 18.0$ m, 对于不同 b 值 (表示为占总宽度 w 的比例), 模拟计算出口处的动能值, 结果如图 1–15 所示.

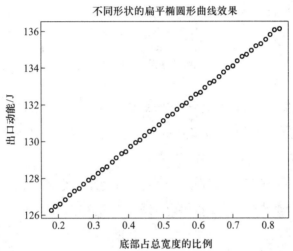

图 1–15   底部占总宽度的比例与出口处动能的关系
(图片来源: 文献 [5])

从图可以看出, 对于固定的总宽度 w, 横向连接线的长度 b 越大 (对应端点处四分之一圆的曲率越大), 摩擦力做功的损失越小.

再对曲线弧长 s_{TOTAL} 进行模拟计算, 结果如图 1–16 所示.

通过上述模拟结果, 可以得出如下结论: 当所有模型曲线的 U 型池宽度相同时, 最佳 U 型池的目标是: 曲线上较少部分为高曲率, 较大部分为低曲率或曲率为零. 从本质上讲, 最好的曲线是一段直线, 且两端为四分之一圆.

5. 最大限度地旋转 (扭动) 问题

为了提高比赛的观赏性, 设计的比赛场地除了需要得到较大的腾空高度外, 还需要保证运动员能在滞空时做出翻转等空中技巧动作. 由于腾空高度是保证

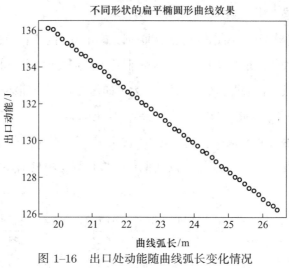

图 1–16　出口处动能随曲线弧长变化情况
(图片来源: 文献 [5])

空中技巧的关键, 因此本题的关键问题是解决最大腾空高度问题. 运动员在离开场地边缘时都会利用腿部力量蹬踏, 以完成空中翻转等技巧动作, 因此, 如何能最大限度地旋转也是本题的问题之一.

　　根据角动量守恒原理, 当作用于系统的外力矩是零时, 该系统的总角动量是恒定的. 由于运动员在空中不能由内部或外部力量转动他的身体, 因此在离开场地顶端时运动员必须有一个初始角动量. 这就是说, 运动员在空中的旋转主要是由在 U 型池表面相接触时所产生的旋转角动量来确定.

　　假设 U 型池是稳定的, 也没有人造外力 (例如, 可移动部件) 使运动员产生旋转, 所有的角动量必须由运动员自己产生. 也就是说总的旋转 (或扭转) 只取决于运动员的整体技术水平. 为了简单和普适性, 假设所有运动员有同样的技能水平和能力, 以最大限度地旋转. 那么唯一决定旋转角度的因素是运动员的滞空时间. 直观上, 运动员在空中滞留的时间越长, 他旋转的角度会越大, 因为在整个过程中角速度保持恒定. 那么, 可以得到, 运动员每次跳跃在空中旋转的总圈数为: $R = T/t$, 其中 T 表示运动员在空中总的滞空时间, t 表示完成一次旋转所需的时间. 由于假设每个运动员可以转动的 t 是恒定的, 为了使旋转圈数 R 最大, 必须使 T 最大.

　　斜坡角度有助于产生额外的滞空时间, 因为 T 同时包含水平方向和垂直方向的滞空时间. 因此, 最好的场地是有一个 90° 的倾斜角, 这样的话, 运动员能在整个场地长度中自由下落实现旋转. 然而, 这是不现实的, 因此, 下面讨论在给定的场地坡度, 如何仅仅从垂直腾空过程中实现旋转最大化.

首先, 假设运动员不蹬踏 U 型池上壁 (因而水平方向的滞空时间为零), 因此忽略 U 型池的坡度带来的滞空时间, 滞空时间完全取决于垂直腾空高度. 假设空气阻力忽略不计, 则垂直位移量为 $d_{\text{vert}} = d - d_0$, 在任何点跳跃时间为 t, 则有如下方程: $d_{\text{vert}} = v_0 t - \frac{1}{2} g t^2$, 其中 v_0 是运动员离开 U 型池时的初始速度, g 是重力加速度. 由于 g 是已知的, 如果 v_0 固定, 则总的垂直腾空高度是滞空时间的函数.

假设没有摩擦, 根据能量守恒定律, 运动员重新进入 U 型池的速度应与离开时的速度大小相等, 方向相反. 因此 $v_T = -v_0$, 加速度方程变为

$$-g = \frac{v_T - v_0}{T} = \frac{-v_0 - v_0}{T} = \frac{-2v_0}{T} \tag{1.34}$$

则 $T = 2v_0 g$. 因此, 运动员在一个跳跃中完成的旋转圈数为

$$R = \frac{T}{t} = \frac{2v_0}{gt} \tag{1.35}$$

可以看出, 运动员在空中完成的旋转圈数完全是运动员离开 U 型池顶端时的速度 v_0 和 t 的一个函数. 本质上, 最大旋转圈数和最大垂直腾空 (以及由山坡坡度形成的横向滞空) 是等价的.

在现实中, 运动员使用一种称为 pumping 的技术, 即通过在 U 型池顶端壁上蹬踏来实现更大的旋转. 该技术还提供了运动员水平分量的速度, 使其能够在空中向 U 型池场地中心方向移动. 因此, 运动员的运动轨迹不再严格地垂直. 由于 U 型池的形状是弯曲的, 就意味着运动员将降落到距离侧壁更远的场地中的 "过渡" 部分, 而不是直接垂直返回. 在这样的情况下, 无疑滞空时间会有所增加, 因为运动员增加了落地距离, 直到他重新与雪面接触. 加上增加的滞空时间, 等式 $R = T/t$ 中, 总的旋转圈数将增加 (因为 t 是固定的).

事实上, 在实践中这种技术确实使得滑雪者得到更大的旋转 (更具挑战性的空中技巧), 从而获得更高的分数. 通过比较在 2010 年温哥华冬奥会单板滑雪中两位运动员的最后一跳, 可以看出这一理论的真实性. 由表 1-6 中两位运动员的动作比较可以看出, 美国运动员 Shaun White 由于更好的蹬壁动作使得自己

的旋转度数达到了 1260°, 也因此获得了更高的分数, 其落点也更靠近场地中央位置.

表 1–6 2010 年温哥华冬季奥运会两位选手对比 (图片来源: 文献 [5])

运动员姓名	Iouri Podladtchikov	Shaun White
国别	瑞士	美国
最后一跳触地区域图		
特技表演	向后翻转加前向旋转 540° (Rodeo Flip 540°)	向后翻转加背向旋转 1260° (Double McTwist 1260°)
总得分	42.5/50	48.5/50
最终奥运排名	第四名	第一名 (金牌)

由此可见, 要设计一个能使运动员空中旋转圈数最大的场地, 就必须设计出一个非常 "深" 的场地, 而且有比较 "陡峭" 的内壁. 也就是说, 场地的壁 (垂直部分) 必须非常高. 以这种方式构建场地允许最大的滞空时间, 从而实现最大旋转. 然而, 必须注意到, 这里有一些明显的限制. 这些限制包括: 落地时, 滑雪板几乎无法瞬间从水平方向变化到垂直方向; 运动员无法承受所产生的重力; 壁越高, 产生的总摩擦越大, 离开池壁时的速度会减小 (因此总滞空时间和总旋转圈数减少).

因此, 在设计上应该权衡最大垂直高度和总旋转圈数 (或扭转). 前者需要场地具有最小高度和宽度, 以减少总能量中的摩擦损失. 后者需要场地具有最大高度和宽度, 以实现更多的滞空时间. 在回答 "什么样的 U 型池会最大限度地提高性能, 包括最大的垂直腾空高度和最大扭转?" 时, 取决于你更重视什么性能. 这意味着实际上不存在完美的场地设计, 场地的形状因重视不同的性能而不同. 同时场地设计应能使运动员能尝试新的更大胆动作, 从而增加观赏性.

1.3 问题的综合分析与进一步研究的问题

1.3.1 问题的综合分析

这个赛题是一个比较复杂的实际问题, 要求参赛者把几个物理模型结合起来, 然后运用数学工具获得结果. 解决问题的要点在于建立合理的动力学方程.

模型的实际描述重在描述 U 型池场地的物理参数和内在几何参数. 国际奥委会对场地设置有严格要求, 因此完成的设计结果应该和奥委会的要求保持一致. 一旦确定了 U 型池的相关参数, 就可以定义坐标系, 简明的坐标系统可以使模型更容易被理解.

解决问题的具体方法可各不相同, 但是用到的基本理论是清楚的, 能量理论和力学理论, 两个基本定律即能量守恒定律和牛顿第二定律. 在运用的物理原理确定后, 即可将问题转化为一系列的方程. 采用微分方程模型会更容易受到关注. 模型的复杂性则带来实现的复杂性, 不同论文呈现出在表达这些方程时方式的多样性, 以及不同情况下的各种讨论[6,7].

在运用能量守恒定律时需要计算运动员在滑雪板上所做的功, 这就要结合牛顿第二定律. 为了解决这个问题, 需要判断哪些力对计算总功是有用的, 然而涉及的积分方程计算非常复杂, 因此必须找到一种适当的方式表述滑雪板不同部位所受的力. 有些论文利用不同的参数表示不同部位所受的力, 然而难于解决. 需要指出, 用 mv^2/r 表示径向力的大小对恒定径向力情况是成立的, 但不符合本题的情况[8].

为了便于分析和实现, 需要对问题进行合理简化. 一个典型的假设是将人和滑雪板看成一个整体, 简化为一个质点. 同时, 该问题的计算比较复杂, 因此一个比较好的解决策略是, 先在二维模型中进行计算, 然后扩展到三维进行验证.

灵敏度分析是考察数学建模水平的一个重要方面, 评委常常会仔细审阅这一部分. 完善灵敏度分析可以让参赛论文脱颖而出. 灵敏度分析有许多方法, 最直接的是分析讨论不同参数的变化引起的结果的变化. 在本题中, 可以对 U 型池的宽度、坡度, 起跳处的角度等参数进行灵敏度分析, 分析这些参数对跳跃的高度、安全性等方面的影响.

对于实际问题, 模型的切合实际的验证很重要. 如本题, 运用优秀运动员的实际参赛数据对现有赛道和自己所设计的赛道进行比较则是一个很好的方法, 许多优秀作品 (如文献 [3], 文献 [5]) 都采用这种处理方式. 获得特等奖的文献 [4] 还建立了一个物理模型, 采用一个大理石块在 U 型池中滑动来验证滑雪者的位移情况 (图 1–17), 并与相关计算机模拟结果进行对比, 图 1–18 是滑雪者的三维位移图.

图 1–17　物理模型验证
(图片来源: 文献 [4])

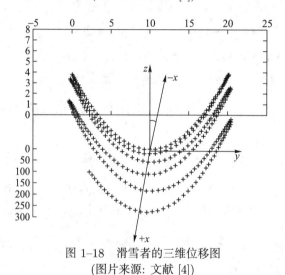

图 1–18　滑雪者的三维位移图
(图片来源: 文献 [4])

1.3.2　进一步研究的问题

(1) 一般的模型中都没有考虑空气阻力问题, 然而空气阻力非常复杂, 取决于许多变量, 包括 (但不限于): 空气的密度、温度、速度、滑雪板的形状以及黏度等. 在模型中增加有关空气阻力部分会使得模型更加切合实际, 当然模型的难度也会增大许多.

(2) 滑雪运动员在实际运动过程中会调整他的速度, 因此进一步考虑运动员的施加力和生物力学方面因素可以使得结果更加合理.

(3) 详细分析摩擦系数, 如滑雪板材料的影响等, 可以使得结果更加可靠.

(4) 研究是否有可能设计非对称场地以达到更好的性能.

(5) 一个实用的场地设计还应当考虑诸多因素, 如场地建设的难易程度、费用、可重复使用性、运动员的运动极限以及运动员的安全问题, 等等.

参考文献

[1] 2011 年美国大学生数学建模赛题 [EB/OL]. (2011–2–11) [2014–10–8]. http://www. comap.com/undergraduate/contests/mcm/contests/2011/problems/.

[2] Harding J W , Small J W, James D A. Feature Extraction of Performance Variables in Elite Half-Pipe Snowboarding Using Body Mounted Inertial Sensors [C]. Proc. SPIE 6799, BioMEMS and Nanotechnology III, 2007.

[3] Jiang C Y, Sun L, Wang X M. Design Our Best Snowboard Course [EB/OL]. MCM2011: Meritorious Winner.

[4] Macavoy A, Herron J, Burton R. Designing a Halfpipe for Advanced Snurfers [EB/OL]. MCM2011: Outstanding paper. [2014–10–26]. http://www.iitgn.ac.in/ mcm/cd/mcm-2011/PDFs/Problem_A/12149.pdf.

[5] Xu S, Sturm M, Chen Z. Designing the Optimal Snowboard Half-Pipe [EB/OL]. MCM2011: Outstanding paper. [2014–10–26]. http://www.iitgn.ac.in/mcm/cd/ mcm-2011/PDFs/Problem_A/11199.pdf.

[6] Gong E H, Wang X Y, Li R S. A half-blood half-pipe, a perfect performance. MCM2011: Outstanding paper [J]. The UMAP Journal, 2011, 32(2):109–122.

[7] Wang Y F, Wang C, Han B H. Higher in the Air: Design of Snowboard Course [EB/OL]. MCM2011: Outstanding paper. [2014–10–26]. http://www.iitgn.ac.in/ mcm/cd/mcm-2011/PDFs/Problem_A/9159.pdf.

[8] Black K. Judges Commentary: Snowboarding Course Design [EB/OL]. (2011–4–7) [2014–10–16].https://www.comap.com/undergraduate/contests/mcm/contests/ 2011/results/2011_MCM_A_Judge_Com.pdf.

第 2 章 中继器协调问题

2.1 问题的综述

2.1.1 问题的提出

中继器协调 (Repeater Coordination) 问题是 2011 年美国大学生数学建模竞赛的 B 题, 研究的是信号传输领域的中继器部署问题. 题目如下:

中继器协调问题

甚高频 (VHF) 无线电频谱技术在应用过程中, 其信号只能在视距内以直线方式 (line-of-sight) 进行传送和接收. 为了克服视距传播所带来的弊端, 可以使用 "中继器" 将弱信号放大并以另一频率重新发送. 因此, 当低功耗用户 (如移动终端) 无法实现点对点直连通信时, 可以通过中继器建立联系. 但是, 为了避免中继器间的相互干扰, 需要保证其充足的间距或为中继器设定具有区分度的传输频率.

除了采用地理位置分离法外, "连续音频编码静噪系统" (CTCSS), 或称作 "私线" (Private Line, PL) 也可用于缓解干扰问题. 此系统为每个中继器附带一个单独的亚音频, 使所有希望通过该中继器进行通信的用户都传输该亚音频. 而该中继器仅对包含该私线的信号进行回应. 通过使用该技术, 两个邻近的中继器在接收和发送过程中便可共享相同的频率对; 此项技术意味着在某一特定的区域中, 可以安置更多中继器, 进而为更多的用户服务.

在一个半径为 40 英里①的平面圆形区域中, 为了同时满足 1000

---

① 1 英里 (mi)≈ 1.6 千米 (km). 本书题目均来自 MCM/ICM 赛题, 题目中单位多采用英制. 为了将重点关注内容集中在问题的讨论上, 故未将其转换为我国通用的国际单位制. 下文同.

个用户的通信需求, 确定最少需要安置多少台中继器. 该问题需基于如下假设: 第一, 信号可用频谱范围为 145~148MHz; 第二, 中继器中发射机的频率必须比接收机的频率高或低 600kHz; 第三, 可供使用的私线共有 54 个.

如果该区域内的用户数量变为 10000 个, 你的解决方案将如何变化?

由于信号具有视距传播的特性, 故信号的传播在山区必将受到阻碍, 请针对该情形进行讨论.

问题原文如下:

Repeater Coordination

The VHF radio spectrum involves line-of-sight transmission and reception. This limitation can be overcome by "repeaters," which pick up weak signals, amplify them, and retransmit them on a different frequency. Thus, using a repeater, low-power users (such as mobile stations) can communicate with one another in situations where direct user-to-user contact would not be possible. However, repeaters can interfere with one another unless they are far enough apart or transmit on sufficiently separated frequencies.

In addition to geographical separation, the "continuous tone-coded squelch system" (CTCSS), sometimes nicknamed "private line" (PL), technology can be used to mitigate interference problems. This system associates to each repeater a separate subaudible tone that is transmitted by all users who wish to communicate through that repeater. The repeater responds only to received signals with its specific PL tone. With this system, two nearby repeaters can share the same frequency pair (for receive and transmit); so more repeaters (and hence more users) can be accommodated in a particular area.

For a circular flat area of radius 40 miles radius, determine the minimum number of repeaters necessary to accommodate 1000 simultaneous users.

Assume that the spectrum available is 145 to 148 MHz, the transmitter frequency in a repeater is either 600 kHz above or 600 kHz below the receiver frequency, and there are 54 different PL tones available.

How does your solution change if there are 10000 users?

Discuss the case where there might be defects in line-of-sight propagation caused by mountainous areas.

2.1.2 问题的背景资料

1. 中继器 (Repeater)

中继器在通信领域中具有广泛的应用. 通常, 电子信号在传输过程中, 信号强度会随着传递距离的增加而逐渐减弱. 因此, 为了实现远距离通信, 就需要设备将信号重新加强以增加数据的发送距离, 中继器即承担着这样的角色, 如图 2–1 所示. 中继器是一种将接收到的信号放大后转发至用户的设备, 主要用于增加传输信号的传输距离. 例如, 在无线通信网络中引入中继技术能够有效克服无线信号的衰减, 提高通信的可靠性和增大通信覆盖范围. 中继器的普遍应用, 使远距离通信成为了可能. 同时, 值得注意的是中继器的辐射范围与其天线高度密切相关. 决定有效距离的视线计算公式为: 距离 (英尺①) $= \sqrt{1.5A_f}$, 其中 A_f 为天线高度[1].

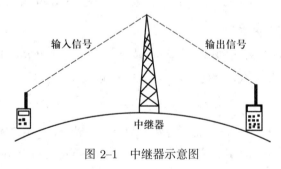

图 2–1　中继器示意图

2. CTCSS

在中继器进行信号放大和转发过程中, 主要涉及的参数有 3 个: 中继器的接收频率 (Receiver Frequency)、发送频率 (Transmitter Frequency) 和亚音频 (CTCSS). 其中, CTCSS 是一种通过将亚音频附加在信号中一起传输的技术, 可

---

① 1 英尺 (ft) = 0.3048 米 (m).

以起到降低信号干扰的作用. 由于其频率范围在标准音频以下, 故称为亚音频. 为了使用 CTCSS 中继器进行通信, 用户必须使用相同的亚音频进行广播. 这一技术能够保证用户在人口稠密区域使用同一信道进行通信时, 互相干扰程度降至最低.

本问题所涉及的背景资料并不复杂, 但在中继器可用频率和亚音频数量有限的情况下, 如何恰当地安置和配置中继器来满足实际需求却并非易事, 这也正是本题所探讨的要点.

2.1.3 问题的现实意义

现今社会处于高速发展的信息时代, 如何高效、便捷、安全和低成本地传递信息已成为热点问题. 本赛题来源于实际问题, 要求参赛者在给定的人口数量和环境条件下, 找到一种能够满足一定数量用户通信需求的中继器协调方案, 同时使所需中继器的数量尽可能少.

为了满足一个固定区域内全体人口的通信需求, 需要架设一定数量的中继器. 但是, 并非意味着中继器的数量越多, 就能够给人们提供更优质的通信服务. 首先, 如果为了提供更好的通信服务而架设过多的中继器, 由于受到地理空间、通信频率和私线数量的限制, 不同中继器之间可能会产生冲突, 造成通信质量下降. 其次, 过多的中继器会造成建设成本的上升, 因此仅仅通过增加中继器数量来提高通信质量是不可行的. 所以, 在满足给定约束条件和保证通信质量的前提下, 寻找中继器数量最少方案, 是一个具有现实意义且值得深入研究的问题.

2.2 问题的数学模型与结果分析

该问题的任务是:

(1) 利用尽可能少的中继器建立基于 CTCSS 技术的 VHF 通信网络, 实现对半径为 40 英里的平面圆形区域的覆盖, 并保证该网络可以同时为区域内的 1000 个用户提供服务;

(2) 如果用户数提高到 10000 个, 方案将如何调整;

(3) 如何将模型推广到山区地形.

近年来, 随着通信领域特别是移动业务的不断发展, 该问题已经得到了众多学者的研究, 但是实际问题与本次竞赛的问题仍有一定的差别. 故针对本次竞赛的具体问题, 如何进行合理的假设, 如何判断模型中哪些部分是确定性的哪些部分是随机性的, 显得尤为重要.

从解题思路而言, 本次竞赛论文的着眼点大致分为两类: 一部分论文首先考虑区域覆盖, 常用思路为用小圆的内接多边形填充大圆; 而另一部分则从用户覆盖入手, 首先面对用户地理位置的分布问题. 具体数学模型的选取, 从提交的竞赛论文上看是多种多样、各具特色的. 同时由于该问题前期假设较多, 故模型的敏感性分析、误差分析、模型检验以及对结果的合理性分析, 也是一篇优秀论文的重要组成部分.

本年度共有 1483 支队伍完成了该赛题, 5 支队伍的论文获得特等奖 (Outstanding Winner), 其中两支队伍来自中国, 三支队伍来自美国; 14 支队伍的论文获得特等奖提名 (Finalist); 198 支队伍的论文获得一等奖 (Meritorious Winner); 542 支队伍的论文获得二等奖 (Honorable Mention); 725 支队伍的论文获得成功参赛奖 (Successful Participation).

本章选取了 3 篇获得特等奖的论文进行介绍、比较和评议, 模型 1 来自论文 9440, 该文被评为最具创新性的论文即 Ben Fusaro 奖论文, 还被美国运筹学和管理学研究协会授予 INFORMS 奖; 模型 2 来自论文 11759, 该文被美国数学学会授予 MAA奖; 模型 3 来自论文 10496, 该文被工业与应用数学学会授予 SIAM奖, 希望对读者体会优秀论文的闪光点有所帮助.

2.2.1 模型一: 基于泰森多边形的迭代优化模型

本节介绍如何基于泰森多边形 (Voronoi diagram) 理论, 利用双层网络结构来解决中继器的协调问题[2].

在固定区域内部署中继器时, 主要涉及两种实体: 区域内的用户和中继器. 一方面, 用户为了通信需求需要和中继器连接, 将信号发送给中继器, 由中继器负责信号的放大和转发; 另一方面, 由于单个中继器的传输距离有限, 为了实现远距离的信号传输, 中继器之间需要连接和通信, 协作完成信号的传输. 这样就形成了双层网络结构: 用户与中继器之间的网络模型和中继器之间的网络模型. 因此, 作者将问题的求解也分解为两个层次: 基本模型, 运用蜂窝模型实现区域中用户的全覆盖; 增强模型, 基于泰森多边形采用迭代优化的思路, 用尽量少的中继器满足区域内用户的通信需求.

1. 问题的描述

文献 [2] 首先用数学语言与符号提炼和描述中继器协调问题. 给定一个半径为 Φ 的圆形区域 Γ, 寻找一个中继器数量最小的协调方案, 能够满足区域内 N 个用户的通信需求. 中继器的 3 个基本特征参数为: 接收频率 f_r、发送频率 f_t 和私线 n_{PL}. 同时, 由于中继器通信半径 R 大于用户通信半径 r, 那么用户被中继器网络覆盖, 意味着在用户以 r 为半径的通信圆域中至少有一个中继器.

由于通信半径 R 和 r 以及中继器承载能力 C 都是有限的, 所以在一个给定区域中, 通常需要安置一定数量的中继器才能满足用户的通信需求. 因此, 针对题目要求, 完整的中继器部署方案应包括所需中继器数量、地理位置、接收及发送频率和私线设定以及用户数量和地形对方案的影响等.

2. 模型的建立

下面建立针对中继器部署问题的双层网络模型. 该模型可以表示为 $D(V_u, V_r, E_{ur}, E_{rr})$, 其中 $V_u = \{u_1, u_2, \ldots, u_N\}$ 和 $V_r = \{r_1, r_2, \ldots, r_M\}$ 分别表示用户和中继器集合, E_{ur} 表示 "用户 – 中继器" 直连链路的集合, E_{rr} 表示 "中继器 – 中继器" 直连链路的集合. 用户 u_i 用二维平面上的点 $(x(u_i), y(u_i))$ 来表示, 中继器 r_i 由其位置坐标、接收频率、发送频率和私线来描述 $(x(r_i), y(r_i), f_r(r_i), f_t(r_i), n_{PL}(r_i))$. 由于给定区域是一个半径为 $\Phi = 40$ 的圆形区域 Γ, 故任一用户或中继器的坐标需满足如下不等式

$$x^2 + y^2 \leqslant \Phi^2 \tag{2.1}$$

如果用户 u_i 和中继器 r_j 之间的距离小于用户的通信距离 r, 那么就认为 u_i 和 r_j 之间存在直连链路, 即 $(u_i, r_j) \in E_{ur}$; 如果中继器 r_j 和 r_k 之间的距离小于中继器的通信距离 R, 同时 r_j 的发送频率等于 r_k 的接收频率 $(f_t(r_j) = f_r(r_k))$, 并且两个中继器使用相同的私线 $(n_{PL}(r_j) = n_{PL}(r_k))$, 那么就认为 r_j 和 r_k 之间存在直连链路, 即 $(r_j, r_k) \in E_{rr}$.

根据题目要求, 中继器通信网络 D 还需满足以下 3 个条件:

(1) 容量约束 (记为 Ω_1): 假设全体用户在给定区域 Γ 内均匀分布, 且倾向于与距其最近的中继器进行通信. 则对于任一个中继器 r_j, 在 Γ 内始终存在一

个与之相连的 $S_V(r_j)$ 区域 (泰森多边形[3]). 对于该区域内的任意用户, r_j 是距其最近的中继器. 在中继器协调方案中, 需确保每个中继器的 $S_V(r_j)$ 中用户数不超过其可处理的最大用户数 C.

(2) 干扰规避 (记为 Ω_2): 如果两个中继器之间的距离小于 $2R$ 且私线相同, 为了避免相互间的信号干扰, 其发送频率之差不能小于阈值 $f_c = 0.6\text{MHz}$.

(3) 连通性 (记为 Ω_3): 区域内的任一用户至少被一个中继器覆盖.

根据题目要求, 所建模型需要满足全体用户通信需求. 然而, 由于受中继器自身覆盖范围的限制, 满足上述约束条件的协调方案, 并不能保证任意两用户 u_i 和 u_j 都可以通过中继器的级联建立通信.

忽略用户不经由中继器可以直接到达的区域, 区域 Γ 内用户 u_i 所有可达中继器所覆盖的区域即为用户 u_i 的可达区域 $S_r(u_i)$. 例如, 在图 2-2 中, 用户 u_1 可到达的中继器集合为 $R_r(u_1) = \{r_2, r_4, r_5\}$, 其可达区域 $S_r(u_i)$ 是集合中所有中继器通信范围的并集. 而图中 r_2 和 r_3, 由于频率不匹配或私线不同而不能连通. 为了保证每个用户的信号均可到达区域内的任何位置, 模型还需满足如下条件:

(4) 全局可达性 (记为 Ω_4): 每个用户 u_i 的通信可达区域均等于 Γ.

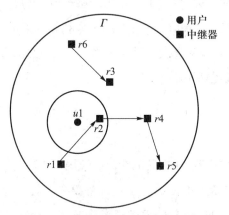

图 2-2   用户可到达区域示意图

在双层网络模型中, 作者将满足约束条件 (1)、(2) 和 (3) 的网络方案定义为一般解, 将满足条件 (1)、(2) 和 (4) 的网络方案定义为增强解. 基于上述定义可知, 增强解一定是一般解; 同时, 当 $R \geqslant 2\Phi$ 时, 任何一个一般解必然是增强解.

3. 模型的分析

如何客观合理地计算模型参数及设立约束条件, 是建立具体模型的重要环节. 本节将给出中继器和用户通信范围的计算, 借助香农定理来计算中继器的容量, 用户分布的连续近似, 以及基于细胞网络理论建立的基本模型.

(1) 通信半径

本节将建立一个简单的模型来计算中继器和用户的有效辐射距离.

设 $P_{\text{r,out}}$ 为中继器发出信号的强度, 由于在不考虑环境因素时信号随距离衰减, 所以在距中继器距离为 d 的单位区域内, 信号的平均强度 P 为

$$P = P_{\text{r,out}}/4\pi d^2 \tag{2.2}$$

根据天线理论[4], 如果信号的波长为 λ, 则一个天线的有效接收区域为 $\lambda^2/4\pi$, 故接收到的信号强度 P' 为

$$P' = (\lambda^2/4\pi) \cdot (P_{\text{r,out}}/4\pi d^2) \tag{2.3}$$

其中, 信号的波长 λ 可以使用光速 c 和信号频率 f 来表示, 即 c/f. 这样, 公式 (2.3) 可以变为

$$P' = P_{\text{r,out}} \cdot (c/4\pi df)^2 \tag{2.4}$$

根据香农信息论, 信号损失 L_{s} 为

$$L_{\text{s}} = 10 \cdot \lg(P_{\text{r,out}}/P') = 92.4 + 20 \cdot \lg d + 20 \cdot \lg f \tag{2.5}$$

则实际接收到的信号强度 $P_{\text{r,in}}$ 为

$$P_{\text{r,in}} = P_{\text{r,out}} + (G_{\text{out}} + G_{\text{in}}) - (L_{\text{f,out}} + L_{\text{f,in}}) - (L_{\text{b,out}} + L_{\text{b,in}}) - L_{\text{s}} \tag{2.6}$$

当信号由一个中继器发出并被另一个中继器接收时, 以下关系保持不变: $L_{\text{f,out}} = L_{\text{f,in}}$ (供给系统损失), $L_{\text{b,out}} = L_{\text{b,in}}$ (系统的其他损失), $G_{\text{out}} = G_{\text{in}}$ (天线增益). 通常, $L_{\text{f,out}}$ 和 $L_{\text{f,in}}$ 的取值为 2dB, $L_{\text{b,out}}$ 和 $L_{\text{b,in}}$ 的取值为 1dB, G_{out} 和 G_{in} 的取值为 39dB. 这里使用信号频率的平均值 0.1465GHz 作为信号频率的近似, 则

$$d = 10^{\frac{10 \cdot \lg \frac{P_{\text{r,out}}}{P_{\text{r,in}}} - 37.2328}{20}} \tag{2.7}$$

文献 [2] 中列举了美国犹他州 "2 米中继器" 的相关统计数据, 数据显示大多数中继器的有效辐射功率 (ERP) $P_{\text{r,out}} = 100\text{W}$, 而且中继器可以接收的信号的功率一般不低于 $1\mu\text{W}$, 即 $P_{\text{r,in}} \geqslant 1\mu\text{W}$. 根据公式 (2.7) 计算可得, 中继器的信号传输半径 $R = 85.45$ 英里. 类似地, 通过参考无线设备参数可知, 用户设备的平均工作功率为 $P_{\text{u,out}} = 3.2\text{W}$, $P_{\text{u,in}} \geqslant 1\mu\text{W}$, 由此可得用户的信号传输半径 $r = 15.28$ 英里.

(2) 中继器容量

中继器容量, 即一个中继器可以同时服务的用户数的最大值.

忽略环境噪声和信号之间的相互影响, 即假设中继器间不发生冲突. 由于中继器传输频率是一个确定值, 论文作者从信息增益的角度, 采用著名的香农定理来估算中继器的容量:

$$\varphi = B \log_2(1 + SNR) \tag{2.8}$$

其中, φ 为信息比特率; B 为链路的带宽, 单位为 Hz; SNR 是无量纲的信噪比.

受香农定理的启发, Gilhousen[5] 提出了估算 CDMA 蜂窝系统容量的方法. 其中一个重要的参数就是比特能量与噪声密度比 (Bit Energy-to-Noise Density), 可由公式 (2.9) 计算得出:

$$\frac{E_{\text{b}}}{N_0} = \frac{P_{\text{ur}}/\varphi}{(C-1)P_{\text{ur}}/B} = \frac{B/P_{\text{ur}}}{C-1} \tag{2.9}$$

其中, P_{ur} 是用户发出信号的功率, C 为中继器可同时服务的最大用户数; E_{b}/N_0 是数字语音传输中的一个标准, 其取值范围在 5dB 到 30dB 之间. 与 CDMA 系统不同的是, 本问题中中继器的发射频率是一个具体值, 而非一个区间. 因此, 论文作者采用下列公式 (2.10) 来计算 E_{b}/N_0:

$$\frac{E_{\text{b}}}{N_0} = \frac{G_{\text{out}}}{V(C-1)(1 + I_{\text{other}}/I_{\text{self}})} \tag{2.10}$$

其中, G 是天线增益, V 是语音增益, I_{other} 是来自其他中继器的干扰, I_{self} 是中继器自身的干扰.

当一个中继器同时服务于 C 个用户时, 可将 SNR 视为有效信息与全体接收信号的比值, 即

$$SNR = \frac{P_{\text{ur}}}{(C-1)P_{\text{ur}}} = \frac{1}{C-1} \tag{2.11}$$

恰当地选择参数后, 可得中继器容量如下:

$$C = 1 + \frac{G_{\text{out}}}{V(1 + I_{\text{other}}/I_{\text{self}})E_{\text{b}}/N_0} \approx 119 \tag{2.12}$$

(3) 用户分布的连续近似

中继器需要覆盖区域内的所有用户, 考虑到区域内用户具有移动性, 针对某一特定用户分布 V_u 设计的中继器方案, 也许并不适用于另一种用户分布 V_u' 情形. 因此, 为了使设计方案具有普适性, 设计中应避免方案对分布的依赖性.

为了实现上述目标, 作者使用连续近似来取代均匀分布. 在连续近似中, 用户的数量可以不为整数; 当 N 个用户在区域中均匀连续时, 区域内用户密度 ρ 可表示为

$$\rho = \frac{N}{\pi \Phi^2} \tag{2.13}$$

其中 $\pi \Phi^2$ 是区域 Γ 的面积. 此时, 除了无关约束 Ω_2 之外, 其他 3 个约束条件需相应地更改为

- 容量约束 (Ω_1^*): 对于 $\forall r_j$, 泰森多边形的面积 $S_V(r_j)$ 须满足如下不等式

$$\rho S_V(r_j) \leqslant C \tag{2.14}$$

- 连通性 (Ω_3^*): 区域 Γ 内的每个位置都至少被一个中继器所覆盖.

- 全局可达性 (Ω_4^*): 由于区域内任一位置都可能存在用户, 因此需要使每个位置的可达区域均等于 Γ.

在下文中, 无论是中继器网络的一般解还是增强解, 用户分布都基于上述连续情形. 由于现实中的用户分布无法做到均匀连续, 引入真实分布对方案产生的影响将会在灵敏度分析中进行讨论.

当只考虑 $R \geqslant 2\Phi$ 时, 如果任意两个中继器之间不存在冲突, 该中继器协调问题就等价于 "小圆覆盖大圆" 的问题. 当 $R \geqslant \Phi$ 时, 给定区域内的任意两个中继器之间都可能会产生干扰. 故当 $R \geqslant 2\Phi$ 时, 使用相同私线的中继器, 若要避免干扰, 其发送频率至多有 6 种: 145.0MHz、145.6MHz、146.2MHz、146.8MHz、147.4MHz 和 148.0MHz. 但是, 假设一个中继器 r_1 的接收频率为 145.0MHz, 发送频率为 145.6MHz, 如果存在另一中继器 r_2, 其接收频率为 145.6MHz, 发送频

率为 145.0MHz, 信号会在两个中继器之间无休止地循环传递. 为了避免此现象发生, 可为具有相同私线的中继器设置一组互不相关的频率, 可设频率最多有 5 种: 145.6~145.0、146.3~145.7、147.0~146.4、147.7~147.1 和 147.4~148.0.

综合上述分析可知, 当 $R \geqslant \Phi$ 且使用全部 54 个私线时, 若要保证不产生信号干扰, 需安置中继器个数最多为 $54 \times 6 = 324$; 若想进一步满足中继器之间互不相关, 需保证安置中继器个数最多不超过 $54 \times 5 = 270$.

由前文提到的连通性可知, 任何方案中, 中继器的个数 M 均需满足

$$M \geqslant \frac{\pi \Phi^2}{\pi r^2} = \frac{\Phi^2}{r^2} = \frac{40^2}{15.28^2} \approx 6.85 \tag{2.15}$$

由于 M 取值为整数, 故取 $M \geqslant 7$. 由中继器容量约束可知, M 仍需满足以下不等式

$$M \geqslant \frac{N}{C} = \frac{N}{118} \tag{2.16}$$

本题中当 $N = 1000$ 时, $M \geqslant 9$; 当 $N = 10000$ 时, $M \geqslant 85$.

4. 基本模型: 圆覆盖模型

蜂窝网络 (Cellular networks) 广泛应用于中继节点的安置问题, 特别是无线网络中基站位置的设计. 这里将直接使用蜂窝网络实现目标区域的覆盖, 得到中继器放置的一般解. 表 2-1 列举了一些蜂窝网络, 均为泰森多边形, 且在每个正六边形的中心放置中继器, 则正六边形的数量与中继器数量 M 相等. 为了实现区域的全覆盖, 论文作者采用逆向思维, 即先给定一组正六边形, 再手工计算这组正六边形能够完全覆盖的最大圆的半径.

表 2-1　正六边形能够完全覆盖的最大圆的半径举例

正六边形个数	能覆盖的最大圆的半径	正六边形个数	能覆盖的最大圆的半径
1	$\frac{\sqrt{3}}{2}$	61	$\sqrt{43}$
3	1	91	8
12	$\sqrt{7}$	108	9
60	6	121	$\sqrt{91}$

下面将根据表 2-1, 给出当 $R \geqslant 2\Phi$ 且 $N = 1000$ 时, 中继器配置的一般解和增强解. 此时, 用户密度 $\rho \geqslant \frac{N}{\pi \Phi^2} \approx 0.1989$. 在蜂窝网络中, 除了区域边界上

的中继器的泰森多边形面积可能小于正六边形的面积之外, 区域内任一中继器的泰森多边形都与正六边形面积相等. 根据约束 Ω_3^*, 为了确保任一点至少被一个中继器覆盖, 正六边形的边长 r_h 不能超过用户设备的通信半径 r. 同时, 受中继器容量的限制 (约束条件 Ω_1^*), r_h 还需要满足如下不等式

$$\frac{3\sqrt{3}}{2}r_h^2\rho \leqslant C \tag{2.17}$$

当公式 (2–17) 取等号时, 计算得 r_h 的最大值为 15.18 英里, 小于 r. 为了使覆盖区域的中继器数量最少, 故 r_h 的值取为 15.18 英里. 进一步由表 2–1 可知, 当 $\frac{\sqrt{19}}{2} < \frac{\Phi}{r_h} < \sqrt{7}$ 时, 12 个中继器恰好可以实现对区域的完全覆盖, 并将中继器安置于正六边形的中心, 如图 2–3(a) 所示.

当 $N = 10000$ 时, $\rho = \frac{N}{\pi\Phi^2} \approx 1.989$, 根据公式 (2.17) 可得, 最大值为 $r_h = 4.8$ 英里. 由于 $8 < \frac{\Phi}{r_h} < 9$, 由表 2–1 知, 所需中继器数量的最小值为 108 个. 此时中继器需安置于每 3 个多边形的交点处, 如图 2–3(b) 所示.

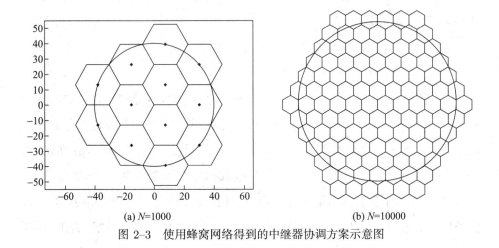

(a) N=1000　　　　　　　　　　　　　(b) N=10000

图 2–3　使用蜂窝网络得到的中继器协调方案示意图

由于以上两种情形中, 中继器的数量均小于 324 个, 通过为中继器设置不同的频率和私线, 即可得到中继器配置的一般解和增强解.

综上所述, 使用基础圆覆盖模型求解中继器协调问题, 可分为两个步骤: (1) 寻找满足条件的最大 r_h; (2) 基于表 2–1 的方法计算所需中继器数量的最小值. 在最小值确定过程中, 可根据蜂窝模型和所覆盖区域的具体位置关系, 来

决定中继器在多边形上的具体放置位置, 即多边形中心或交点处.

5. 增强模型: 基于泰森多边形和最小生成树的中继器放置模型

尽管利用蜂窝模型可以得到所需中继器的数量, 但当中继器数目较大时, 计算如表 2–1 所示的最大圆半径非常耗时. 本节提出基于泰森多边形和最小生成树的中继器放置模型. 该模型主要包含两部分: (1) 基于泰森多边形确定中继器的数量和位置坐标; (2) 在中继器的数量和位置坐标确定后, 基于最小生成树来确定中继器的发送频率、接收频率和私线.

(1) 基于泰森多边形计算中继器的数量和位置

为了得到 "圆覆盖" 所需圆的最小数量, 这里提出了基于泰森多边形的中继器放置算法. 首先, 运用公式 (2.15) 和 (2.16) 计算中继器数量的下限, 记为 M_0. 算法的主要过程如下:

① 在给定区域内随意选取 M_0 个点, 作为 M_0 个中继器的位置坐标, 如图 2–4(a) 所示.

② 将整个区域按照泰森多边形划分为不同的部分. 划分方法可以参考**文献** [3], 划分结果如图 2–4(b) 所示.

③ 确定这些泰森多边形的外接圆, 结果如图 2–4(c) 所示.

④ 计算各个外接圆的圆心坐标.

⑤ 计算每个中继器当前位置与对应外接圆圆心之间的距离. 将全部距离之和与一个阈值 ξ 相比较. 如果距离和小于 ξ, 则当前中继器数目和位置方案收敛, 跳转至步骤 ⑥; 如果距离和大于 ξ, 说明方案还未收敛, 则如图 2–4(d) 所示, **将**每个中继器由当前位置移动到对应的外接圆圆心, 并跳至步骤 ② 继续执行.

⑥ 计算每个泰森多边形内部的用户个数. 若用户数均小于中继器容量 C, 且外接圆的半径小于用户的通信半径, 则终止算法并输出当前方案; 否则, **跳至**步骤 ⑦.

⑦ 对于当前数目的中继器, 为了防止中继器位置分配落入局部最优, 而非全局最优, 需要进行极值优化 (extremal optimization[6]) 操作. 如果极值优化操作的次数小于阈值 T_C, 选择放置于面积最小泰森多边形中的中继器, 将其**随机**移动到整个区域内的某一位置, 跳至步骤 ②; 否则, 增加 1 个中继器, 并重新随机分配所有中继器, 跳回步骤 ②.

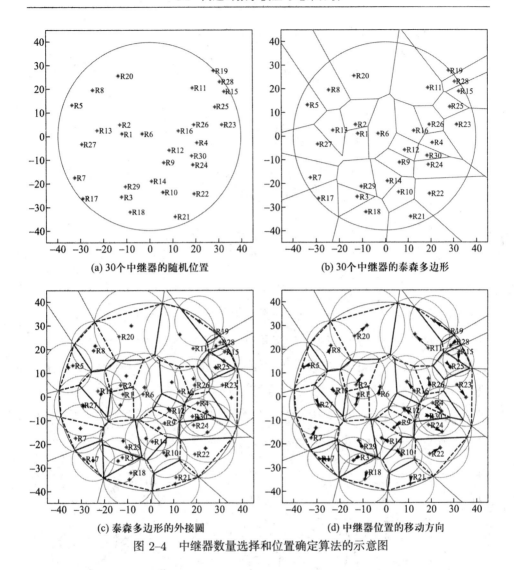

(a) 30个中继器的随机位置　　　　　　(b) 30个中继器的泰森多边形

(c) 泰森多边形的外接圆　　　　　　　(d) 中继器位置的移动方向

图 2-4　中继器数量选择和位置确定算法的示意图

上述算法可以克服蜂窝模型的缺点, 自动得出所需中继器的数目和位置坐标. 在数值模拟过程中, 论文作者选取 $\xi = 0.01, T_C = 100$.

(2) 基于最小生成树来确定中继器频率和私线

当中继器的数目和坐标确定以后, 需要为各个中继器分配接收频率、发送频率和私线. 算法需要尽可能地最大化用户的可达范围. 基于双层网络模型, 这里利用最小生成树来进行分配. 算法的主要步骤如下:

① 将间距小于 R 的中继器两两相连, 建立如图 2-5 所示的中继器之间的连通示意图.

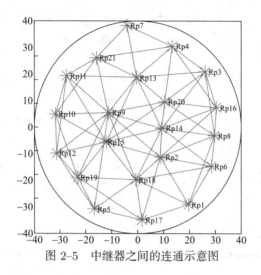

图 2-5 中继器之间的连通示意图

② 找出图 G 的最大生成树 T 或最小生成树 T', 结果如图 2-6 所示. 如图所示, 在最小生成树中, 边与边不会交叉, 但接收到的信号数量少于最大生成树. 然而, 由于在最小生成树中相邻两点之间的距离最短, 因此最小生成树网路中的信号强度将大于其他配置方案, 更适合局部通信. 而在最大生成树中, 由于边之间存在交叉, 各个区域可接收到的信号较多, 信号可达范围也较广, 但势必增加信号之间的干扰. 因此, 可根据具体需求选择生成树类型.

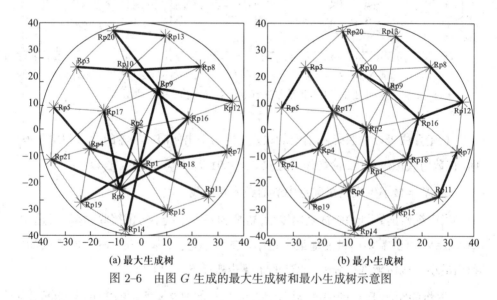

(a) 最大生成树   (b) 最小生成树

图 2-6 由图 G 生成的最大生成树和最小生成树示意图

③ 去边策略. 对于图 G 中的任一节点 i, 记 i 的度为 k, 如果 $k > 3$, 则去

掉其中 $k-2$ 条边, 即断开该节点与 $k-2$ 个节点之间的直接连接. 记节点 j 的连接数为 SC_j, 则删除边策略可表示为: 删除 $k-2$ 条边, 使 $\sum\limits_{a,b}|SC_a-SC_b|$ 达到最小. 结果如图 2-7 所示 (虚线表示被删除的边).

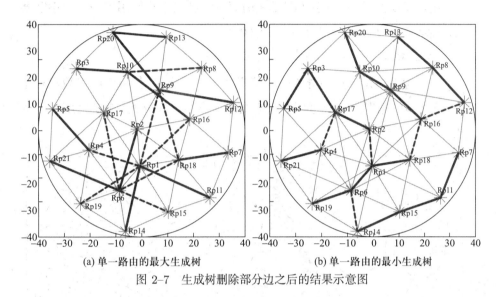

(a) 单一路由的最大生成树   (b) 单一路由的最小生成树

图 2-7 生成树删除部分边之后的结果示意图

④ 经过步骤 ③ 的去边操作, 图 G 得到了几条独立的、不相连的路径. 随后为每条路径上的中继器分配相同的私线, 同时确保不同路径的私线不同; 随后为每条路径上的中继器分配接收频率和发送频率, 确保每一中继器的发送频率和与它相连中继器的接收频率相同.

经过上述步骤, 在中继器数量和坐标位置确定的情况下, 完成了中继器接收频率、发送频率和私线的分配.

6. 模型的求解和结果分析

本小节将运用基本模型和增强模型, 通过计算结果的分析与比较, 展示模型性能. 当不考虑环境因素影响时, 选取 $R=85.45$; 当考虑天气因素时, 选取 $R=40$.

(1) $N=1000, R=85.45$

运用增强模型, 计算结果如图 2-8(a) 所示. 该方案所需中继器个数为 11 个, 最大泰森多边形面积为 560.56, 人口密度为 0.1989, 故用户数的最大值为 112, 低于其容量 119. 与蜂窝模型结果相比, 本模型具有两大优点: ① 所需中继器的个数较少; ② 分配给各泰森多边形的用户数更均匀. 文献 [2] 中作者还给出了证明, 说明在 $N = 1000, R = 85.45$ 时, 11 个中继器为所需中继器数量的最小值.

(2) $N = 10000, R = 85.45$

运用增强模型, 计算结果如图 2-8(b) 所示. 区域中共使用了 104 个中继器和 21 条私线, 少于蜂窝模型的 108 个中继器.

(3) $N = 1000, R = 40$ 和 $N = 10000, R = 40$

当人数保持恒定、仅中继器的通信半径发生变化时, 保持中继器数量和位置与 (1) 和 (2) 相同, 仅通过调整中继器的频率和私线分配, 来扩大用户可达范围.

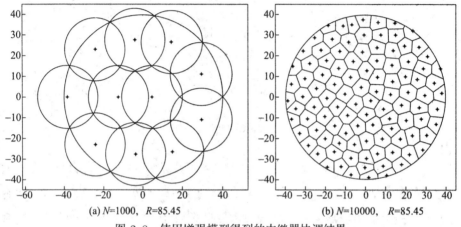

(a) $N=1000$,　$R=85.45$　　　　　　(b) $N=10000$,　$R=85.45$

图 2-8　使用增强模型得到的中继器协调结果

为了验证中继器的通信半径发生变化时, 频率和私线分配算法的效率, 在给定区域内随机地生成 100000 对坐标点 (u, v), 查看由点 u 发送信号给点 v 时, 有多少信号最终完成了传输. 结果表明, 当 $N = 1000, R = 40$ 时, 有 90708 个点对完成了信号传输; 当 $N = 10000, R = 40$ 时, 有 97120 个点对完成了信号传输. 也就是说, 当一个用户发送一条信息时, 分别有 90.71% 和 97.12% 的概率会到达目的地.

7. 灵敏度分析

由于本文模型是基于一系列约束建立的, 所以模型的稳定性和适用性都有待检验, 作者将从以下 3 个方面进行分析.

(1) 参数敏感性

在以上分析中, 很多参数都按照常数来设定. 实际上参数是在一定范围内浮动, 并会对结果产生一定的影响.

作者通过对用户数量从 100 增加到 10000 的过程进行分析知, 增强模型明显优于基本模型. 同时发现, 当用户数小于 1000 时, 中继器数量主要依赖于 r 的取值; 而当用户数超过此临界值后, 中继器数量的最小值与用户数呈线性关系; 当用户数为 10000 时, 中继器数量的最小值与 r 无关. 显然当用户增多后, 中继器容量将成为问题的瓶颈.

(2) 用户分布变化

上述模型中, 用户密度均为实常数. 但是现实中, 用户数只能为正整数. 若用户服从离散型均匀分布, 那么在中继器所属泰森多边形区域 S_v 中, 每个用户属于该区域的概率为 $S_v/\pi\Phi^2$, 且该区域中用户数 X 服从伯努利分布. 当用户总数 N 较小时, 中继器容量不会对模型的建立产生影响; 但是当 N 较大时, 由于中继器容量有限, S_v 会相应减小.

(3) 地形因素的影响: 山区地形分析

山区地形中, 信号强度不仅随传输距离的增大而衰减, 更会受山丘的阻碍而中断; 另一方面, 由于受到山丘的阻挡, 地理位置相近、配置相同的两个中继器, 仍有可能互不干扰. 当中继器的有效频谱范围为 145MHz ~ 148MHz, 信号波长约等于 2m 时, 由于衍射作用, 信号一般能够绕过较为矮小的山丘. 这里将简要分析高山脉地形对信号传输的影响, 并给出中继器安置的一些建议.

作者提出了中继器的分层安置方案. 第一层 (低层) 中继器被安置在地势较低的山谷地带, 用于确保每一个用户都被至少一个中继器覆盖; 第二层 (高层) 中继器被安置在地势较高的山顶, 用于承担信号传输的任务. 如图 2-9 所示, 低层中继器接收用户发出的信号, 增强之后发送给高层中继器, 随后信号在高层中继器间传输, 到达目的地附近的低层中继器, 最终由该低层中继器将信号传输给目标用户.

山丘缩小了信号的传播范围, 因此丘陵地带一般需要安置更多的中继器. 同时, 丘陵地貌也会增加中继器参数配置的难度. 作者提出, 当山谷地带相邻的低层中继器间信号被阻隔时, 可以为其配置相同的收发频率和私线; 但对于相邻的高层中继器, 仍需配置不同的私线以避免干扰.

图 2-9 丘陵地带中继器安置方案示例

2.2.2 模型二: 基于聚类分析的蛇形模型和分支模型

本节介绍如何运用聚类分析法, 在用户分布已知的前提下, 建立两种不同的中继器网络[7]. 通过两种模型的对比, 建立中继器数量最少的配置方案. 在建模过程中, 网络的连通性是作者考虑的一个重要因素.

在蛇形模型中, 作者将中继器按照蛇形或链式排列, 实现对目标区域内用户的最大覆盖. 首先确定开放式中继器的最佳摆放位置, 然后在保持信道可用性的基础上安置 CTCSS 中继器.

在分支模型中, 首先建立连接两大人口区域的骨干网络, 然后在骨干网络上加入分支网络. 在完成网络构建后, 为中继器设置频率和私线. 该模型尝试用最少的中继器为用户提供连通性最佳的通信网络.

随后, 分别针对城市和乡村人口分布, 运用以上模型建立中继器配置方案. 最后, 运用所建模型研究 10000 个用户同时通信的问题, 并讨论了山区地形对信号传播的影响.

1. 问题的假设

为了规范和简化问题, 作者为模型的建立做出了一定假设, 其中关键的两点如下:

• 潜在用户数多于同时服务用户数 1000 (或 10000), 即该地域潜在用户数量多于同时发出通信请求的用户数.

• 用户地理位置分布已知, 即只有已存在现有社区的前提下, 才存在网络连接需求.

2. 模型的建立

为了使接入通信网络的用户数达到最大值, 构建高效的中继器网络, 作者在对用户进行聚类的基础上, 将中继器按照蛇形样式进行排列, 模型流程图如图 2–10 所示.

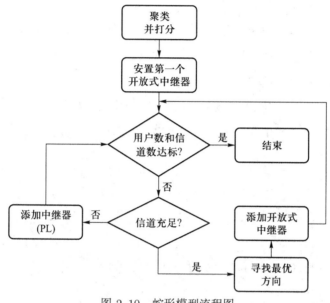

图 2–10　蛇形模型流程图

(1) 模型描述

首先, 使用 k 均值聚类法[8] 对用户进行聚类分析, 并依据类中用户数量越多分数越高的策略对类进行打分. 其次, 将第一个中继器安置于分数最高的类处; 将第二个中继器将安置在第一个中继器所覆盖区域的边缘, 其方位指向下一高分类. 以此类推建立整个网络, 使所建网络可以用最少的中继器服务最多的用户. 根据此设计思想, 随着各个聚类点附近的用户需求逐渐得到满足, 类的分数也应重新评定, 网络的构建更加智能化.

(2) 数学解释

模型的初始状态设为 $N_c = 0, N_f = 0, O = 0$, 其中 N_c 为网络连接用户数 (即在中继器通信范围内的用户数), N_f 为拥有可用频率的用户数, O 表示可用信道数. (x_i, y_i) 表示用户位置, 其中用户数 i 满足 $1 \leqslant i \leqslant n$, 这些坐标组成 $n \times 2$

的矩阵, 其中

$$M_{j,1} = x_j \text{ 且 } M_{j,2} = y_j, \text{ 对所有正整数 } j \in [1, n] \text{ 成立}$$

若用户与中继器保持通信的最大距离 d_s 满足如下不等式

$$d_s \geqslant \sqrt{(M_{j,1} - M_{k,1})^2 - (M_{j,2} - M_{k,2})^2} \tag{2.18}$$

则称用户 k 处于用户 j 的范围内. 将自身通信范围内存在用户数最多的用户, 记为用户 p. 为了保证中继器覆盖用户数最大, 故在用户 p 处安置第一个开放式中继器, 记为 $R_1 = (M_{p,1}, M_{p,2})$.

由于可用通信频率范围为 $3\,\text{MHz}$, 则此时可用信道数为 $O = 3/\Delta f$, 其中 Δf 表示信道宽度. 若用 N_1 表示第一个中继器所覆盖的用户数, 则此时

$$N_c = N_1 \text{ 且 } N_f = \min(N_c, O),$$

删除处于中继器通信范围内的用户以更新矩阵 M, 则 M 变为 $(n - N_c) \times 2$ 的矩阵.

下面介绍 CTCSS 中继器的安置方案, 首先令

$$D = \max(N_c - O, 0)$$

表示可用信道逆差值, 即未接入中继器的用户. 若在开放式中继器安置后 $D > 0$, 则需继续添加 CTCSS 中继器来减小这种逆差. 新增 CTCSS 中继器的位置距第一个中继器的距离为 d_p, 方向指向用户密集处. 新增的 CTCSS 线路应与新增的 $3/\Delta f$ 条信道对应. 因此, O 的值可以更新为 $O = O' + 3/\Delta f$, 其中 O' 为 O 的原值. 随后更新 M、N_c、N_f 以及 D 的值, 若 $D = 0$, 则覆盖区域内所有请求用户均已成功接入.

重复以上过程直到 $N_f \geqslant 1000$, 即通信网络可以支持至少 1000 个用户同时通信.

3. 分支模型的建立

分支模型创建了一个由开放式中继器组成的支持多分支接入的骨干网络. 图

2–11 展示了分支模型的创建过程.

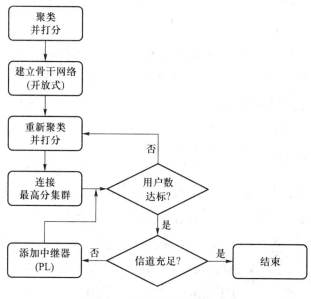

图 2–11 分支模型的创建过程

与蛇形模型类似, 分支模型也建立在 k 均值聚类和评分的基础上, 但网络构建方式不同, 该模型更关注用户的实际分布.

首先, 使用 k 均值聚类法, 确定用户的类 $\{c_1, \cdots, c_k\}$ 并对类进行评分, 将评分最高的两类用开放式中继器相连组成骨干网络; 其次, 在更新数据后, 对剩余用户重新进行聚类和评分, 建立开放式中继器分支将评分最高的类与骨干网络相连. 为了达到使用最少的中继器覆盖高密度区域的目的, 该模型在每次迭代后都需对未覆盖用户重新聚类, 重复此过程直至覆盖用户数达到预期值 (此时用户数为 1000). 至此, 所有用户均被分支网络所覆盖, 但不能保证所有用户都有可用的信道. 所以在分支网络建成后, 将通过放置 CTCSS 中继器以确保用户密集区域的信道充足, 最终满足多用户同时通信的需求.

在用户密集区域, 可以方便地通过安置 CTCSS 中继器来满足用户所需信道数, 该模型的亮点是建立远距离 CTCSS 线路. 设 l_n 为远距离线路数, l_c 为远距离线路上位置点的数目. 可以通过 l_n 赋不同的值, 来改变连接用户密集区域的 CTCSS 专线数量. 虽然这会增加中继器的数量, 但它可以大大加强不同区域之间的连通性.

首先, 对用户进行 k 均值聚类分析, 随后从区域中选择 l_c 个用户数最多的类. 从用户数最大的类出发, 建立一条具有确定 CTCSS 线路的中继器链, 中继器间隔距离为 d_h, 这样就建立了一条具有特殊 CTCSS 线路的长距离连接线路. 该方法在不浪费用户密集区域信道数的前提下, 使得偏远用户可以与人口相对密集区域内的用户进行通信 (如乡下或郊区的用户可以与城市用户建立联系).

其次, 当远距离连接数确定后, 可再次使用 k 均值聚类的思想, 在人口稠密地区安置局域 CTCSS 中继器来减小信道逆差解 (再次使用 k 均值聚类).

4. 模型的比较

蛇形模型和分支模型为了建立高效的通信网络, 均采用 k 均值聚类法对区域内用户进行聚类, 在中继器位置确定后, 再确定其信道.

虽然两个模型有以上共同点, 但两者的网络生成方式和私线配置方案却各具特色. 分支模型在每次迭代后都需要重新进行聚类分析, 而蛇形模型在建立的过程中可能会重新聚类, 但并非必需; 其次, 蛇形模型在网络建立的过程中即设定私线, 而分支模型是在整个网络构建完成后才配置私线.

5. 模型的求解

本小节将运用两个模型分别对城市和农村两种用户分布进行求解, 建立中继器网络.

首先, 根据中继器的频率设置其奇偶性, 将每个开放式中继器标记成一个点, 每个点都相应地标记 "+" 或 "–". 分配中继器的奇偶性时, 需保证每一中继器都只能与其奇偶性相同的中继器建立连接, 即可避免信号由于被反复加强或减弱, 导致最终超出可用频率范围而无法被接收到.

其次, 为了模拟 1000 个用户同时通信, 假设潜在用户数为 1400. 如图 2–12 所示, 城市分布设置为郊区围绕城市的中心密集分布; 农村分布中设置了 8 个密集点 (小镇), 并将 100 个用户随机分布在整个区域中.

针对城市分布, 作者首先采用蛇形模型进行计算. 通过聚类分析, 将第一个开放式中继器安置在城市中间偏北的位置, 以覆盖此处的大部分用户. 由于信道逆差较大, 故增加两个 CTCSS 中继器来进行弥补. 第二个开放式中继器被安置在西北区域, 随后螺旋式逆时针围绕城市进行计算, 并根据需求安置相应的 CTCSS 中继器. 整个区域共安置了 17 个中继器, 其中包括 9 个开放式中继器和 8 个

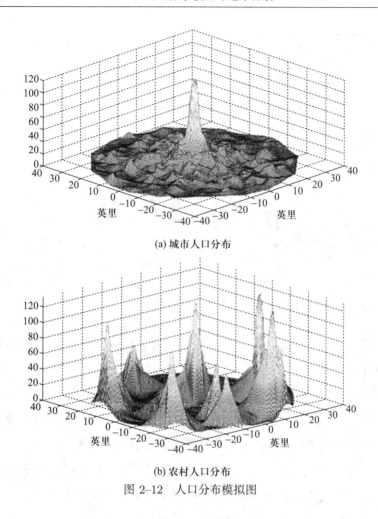

(a) 城市人口分布

(b) 农村人口分布

图 2–12   人口分布模拟图

CTCSS 中继器, 如图 2–13(a) 所示. 中继器奇偶性的设计方案如图 2–13(b) 所示.

为实现对用户的高效覆盖而非简单地在人口稠密区之间线性连接, 针对城市分布, 作者运用分支模型得到了另一通信网络. 该模型将第一个中继器置于市区, 并创建了 3 个主要分支来覆盖周边郊区, 如图 2–14(a) 所示.

在蛇形模型中, CTCSS 中继器用于在本地提供更多的信道, 但是当网络负载能力不足时, 不是所有人都能够远距离通信. 在分支模型中, 为了实现高于蛇形模型的连通性, 分配一个专有亚音频为长距离 CTCSS 线路专用, 在这里记为 1 (圆圈), 如图 2–14(b). 每个这样的点安置 3 个 CTCSS 中继器, 记为类型 1, 2, 3. 第 4~8 个亚音频中继器安置规则与蛇形模型相同. 奇偶分配非常简单, 如图 2–14(c). 该分支模型共安置了 26 个中继器, 其中包括 8 个开放式中继器和 17

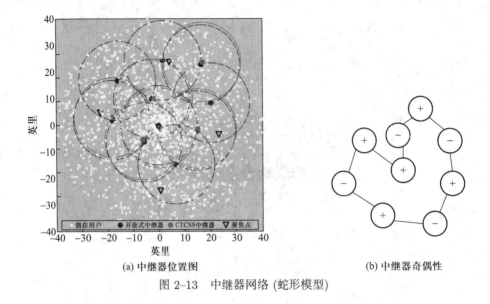

(a) 中继器位置图   (b) 中继器奇偶性

图 2-13 中继器网络 (蛇形模型)

个 CTCSS 中继器. 虽然中继器用量大于蛇形模型, 但该网络为区域内的用户创造了最佳的连通性.

针对农村人口分布, 蛇形模型用 18 个中继器创建了一个可容纳 1080 个用户的网络, 其中包括 10 个开放式中继器和 8 个 CTCSS 中继器. 分支模型共使用了 25 个中继器, 其中 8 个开放式中继器和 17 个 CTCSS 中继器.

综上, 不论是城市模型还是农村模型, 蛇形模型使用中继器数量较少, 分支模型使用中继器较多, 但可提供更好的全局连通性. 两模型各有所长, 实际应用中可根据需求选择相应的模型来构建通信网络.

6. 同时为 10000 个用户服务

由于本文的模型具有较高的适应性和承受力, 所以在模型运行时, 只需重新设定潜在用户数即可. 若要同时为 10000 个用户服务, 不妨设潜在用户数为 12000 人. 为了容纳更多用户, 需将频率间隔降低, 此处设为 10 kHz. 数值计算可得, 所需中继器最小数目为 52 个, 其中开放式中继器 19 个, CTCSS 中继器 33 个, 并为每个中继器设置一个不同的亚音频, 共 52 个.

7. 山区地形

当 VHF 信号受地势影响时, 可以通过增加天线高度来提高信号传播效率. 当地形中出现较大山峰时, 可以将中继器安置于山峰上, 实现最佳覆盖. 然而, 在

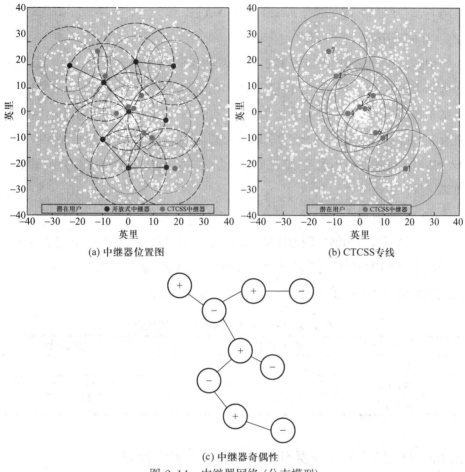

(a) 中继器位置图 (b) CTCSS专线

(c) 中继器奇偶性

图 2-14 中继器网络 (分支模型)

地形相对广袤而没有较大的山峰时, 山峰会阻碍信号传输; 同时由于山峰和山谷的不均匀分布, 信号强度也与传播角度直接有关. 若在盆地和山谷中建立多中继器组合网络, 该网络可绕过山脉建立连接, 但是无法体现山峰的优势. 所以作者提出, 模型的建立应在考虑山峰优势的前提下具体分析.

8. 灵敏度分析

为了检验模型的可靠性和灵敏度, 作者对几个关键参数进行了如下分析:

(1) 聚类数

模型在很大程度上依赖于 k 均值聚类分析法, 分别设置聚类数 k 为 5, 15, 20, 对农村人口分布进行计算. 结果显示, 三种情形均要 8 个开放式中继器和 8

个 CTCSS 中继器, 可见模型对该参数并不敏感.

(2) 间隔距离

中继器的间隔距离被设置为 d_h, 以保证中继间的连接和通信. 然而 d_h 值将极大影响模型效用. 当 $d_h = 15$ 英里时, 中继器塔高需为 150 英尺, 才能保证信号的传递. 当 $d_h = 10$ 英里和 $d_h = 20$ 英里时, 中继器的高度分别为 66 英尺 8 英寸和 266 英尺 8 英寸. 显然, 塔高和中继器间距对模型影响较大. 增加塔高将减少所需中继器的最小数目, 但每个中继器的安装费用将会增加, 用户可根据具体需求进行选择.

(3) 潜在用户数

由于当连接至网络的用户数达到期望值且信道数充足时即停止计算, 所以大幅改变潜在用户数将对结果产生较大影响. 以满足 1000 个用户同时通信为例, 数值结果如表 2-2 所示, 潜在用户数越高所需中继器越少.

表 2-2　潜在用户数及所需中继器数量

潜在用户数	开放式中继器数量	CTCSS 中继器数量
1400	10	8
3000	3	8
10000	1	8

2.2.3　模型三: 基于聚类分析的网络质心搜索模型

基于聚类分析的网络质心搜索模型[9] (简称聚类模型) 将地理区域默认为在美国境内, 通过在用户最密集地区安置多个中继器建立一个通信网络, 并利用 PL 线路降低网络中信号间的相互干扰.

首先, 利用聚类算法将用户根据密集区域进行划分; 然后, 将中继器安置于每个类的质心上. 若得到的网络无法保证区域的覆盖和连通性, 则使用最小生成树算法建立初级网络. 随后, 根据类的分布来生成用户样本, 该样本的分布特征与美国东南部某平原地区的人口分布极其相似. 此外, 作者通过中继器网络所覆盖的用户比例来度量网络的收敛性, 并通过多次模拟用户在网络中彼此传递信息来计算网络的信息传递能力.

结果表明, 此模型适用于具有集群特征的用户分布, 但受制于聚类算法, 该模型仅适用于数据可进行聚类的情形. 为了弥补这一不足, 作者采用在高负荷节点周围建立子网络的方法来进一步优化通信网络.

在模型建立过程中, 作者将同时服务于 1000 个用户理解为试图接入中继器网络的用户个数为 1000.

1. 评价标准

关于中继器网络优劣的评定, 题目中给出了最基本的要求, 即在满足通信需求的前提下使用的中继器数量最少. 然而, 仅仅用这一个指标来评价网络, 并不能全面体现各种网络的特点. 所以文献 [9] 的一大亮点是, 在建模之初即设定了网络衡量的标准, 使得对模型的评价更加全面客观, 对于模型的选择也是一个很好的参考.

(1) 传输率

为了明确网络模型是否达到题目要求, 作者定义传输率 Q 来衡量网络的传输能力, 即

$$Q = \frac{\text{实际通信数}}{\text{要求通信数}} \tag{2.19}$$

Q 在这里只是简单地给出了一个比值, 对于中继器网络的衡量, 需要根据网络的实际需求来设定 Q 的临界值.

(2) 通信请求

为了模拟网络中的通信请求, 需要为请求设置起始位置和结束位置. 建模时, 选择泊松分布来计算通信距离为 l 的请求发生的概率, 此处 l 为起始中继器塔之间的距离, n 表示请求可到达的中继器塔的最大值, $\lambda = 1$, 概率密度函数如下:

$$\binom{n}{l} \frac{\lambda_k}{l!} \left(1 - \frac{\lambda}{n}\right)^{n-l}$$

(3) 网络总性能的度量

相对于考察模型是否能够保证一定数量的用户进行通信, 如何评价通信网络的总体性能则更加重要. 例如, 当多种不同的网络配置方案都能满足用户需求的情形下, 需要建立评价准则, 来比较各方案的优劣. 题目中已经给出了一个最基本的评价准则, 即在满足题目设定通信需求的前提下, 确定通信网络使用中继器数量的最小值. 文献 [9] 通过所建模型计算出了所需中继器数量的下限. 此外, 还可给出其他准则来衡量通信网络的总体质量, 如网络覆盖率和不同通信需求

下的网络表现.

2. 模型的建立

(1) 人口分布模型

由于人具有社会性, 因此采用均匀分布来模拟人口分布是不合理的. 文献 [9] 作者用具有集群特性的分布来模拟用户的分布. 首先, 随机在圆形区域中生成聚类点; 随后, 对于给定的聚类点, 使用多元高斯分布生成中心点周围的用户, 概率密度函数如下:

$$f(x, y) = \frac{1}{2\pi\sigma_x\sigma_y}\mathrm{e}^{\left[\frac{(x-\mu_x)^2}{\sigma_x^2} + \frac{(y-\mu_y)^2}{\sigma_y^2}\right]} \tag{2.20}$$

通过对比美国平坦地区人口密度的实际数据[10], 在概率密度函数 (2.20) 中 $\sigma_x = \sigma_y = 20$. 其模拟结果如图 2–15 所示.

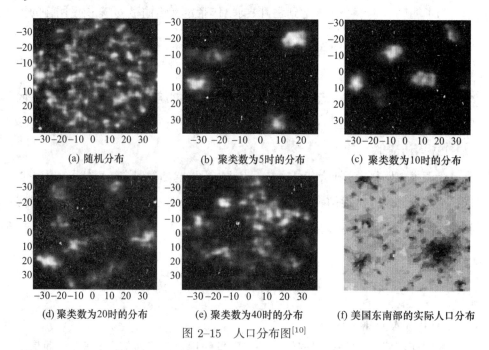

(a) 随机分布　　　　　(b) 聚类数为5时的分布　　　　　(c) 聚类数为10时的分布

(d) 聚类数为20时的分布　　　(e) 聚类数为40时的分布　　　(f) 美国东南部的实际人口分布

图 2–15　人口分布图[10]

(2) 通信网络的连接策略

文中首先提出了中继器连接的双向传输模式, 即若 A 的接收频率和发射频率分别为 145.0MHz 和 145.6MHz, 接受频率和发射频率分别设为 145.6MHz 和 145.0MHz 就得到其反向 A′. 但是这样势必会造成一定的信号回传, 形成传输回路增加网络负荷. 另一种方式是建立 5 对接收频率和发送频率组, 其中接收频率

和发送频率差值为 0.6MHz, 即

- A: 接收频率 $= 145.0$ MHz, 发射频率 $= 145.6$ MHz
- B: 接收频率 $= 145.6$ MHz, 发射频率 $= 146.2$ MHz
- C: 接收频率 $= 146.2$ MHz, 发射频率 $= 146.8$ MHz
- D: 接收频率 $= 146.8$ MHz, 发射频率 $= 147.4$ MHz
- E: 接收频率 $= 147.4$ MHz, 发射频率 $= 148.0$ MHz

基于以上分析, 为了实现大范围内的长距离传输, 作者提出了一种避免回传的双向传输策略. 在传输链 A–B–C–D–E 的末端建立一个弱 E′, 使其信号不足以传输到 E; 同时将其与 D 和 D′ 配对, 并为 D 和 D′ 设置不同的私线来避免两者同时被触发. 若两者被同时触发, 则可将两者都关闭或设置超时次数. 根据这个策略, 通信链将按照 C/C′、B/B′ ······ 的顺序继续拓展.

(3) 最简模型

基于上述通信策略, 文中探讨了在圆形区域内安置中继器的最简模型, 即在整个区域内均匀安置能够相互通信的中继器, 随后将未覆盖任何用户的中继器移除, 如图 2–16 所示. 但是该模型存在诸多问题: 其一, 网络效率取决于用户分

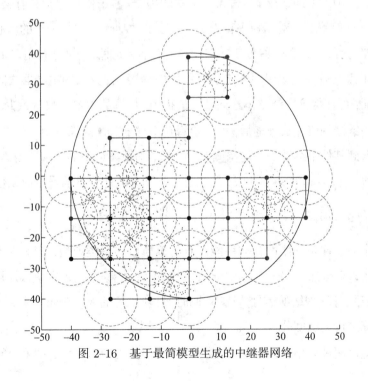

图 2-16 基于最简模型生成的中继器网络

布. 其二, 如果加入双向传输原则, 由于没有使用 PL 线路, 将无法解决信号传输的闭路问题. 然而, 若只允许单向传输, 对很多手持设备用户而言是无法接受的. 最后, 即使不存在信号回传问题, 这样一个单一的地毯式的通信网络的利用率也是不高的. 所以, 网络中的用户只有两个选择, 即不通过中继器直连, 或将其信号传输至整个网络. 也就意味着同一时刻只有一个用户可以使用网络发送信号, 这对大多数用户来说是不合理的.

(4) PL 线路

添加 PL 线路可以降低中继器间信号的干扰, 但如何合理高效地使用 PL 线路至关重要. 本文的核心思想是将一个中继器当作 Hub (中枢), 这样可为每个用户建立与 Hub 中继器的双向信息传递. 此外, 还可进一步建立中继器子网, 使得子网内用户的通信不会对网络中其他区域产生影响, 使得网络中的空闲区域可以同时被其他用户所使用. 此方案在降低信号间干扰的同时, 提高了网络的整体性能.

(5) 聚类模型

最简模型一个明显的缺点是, 在放置中继器的过程中没有考虑人口的实际分布. 为了用尽量少的中继器覆盖尽量多的用户, 鉴于用户通常具有聚集性, 不妨采用 k 均值聚类法对用户进行聚类, 如图 2-17 所示. 在每个类的质心放置一个中继器, 这样中继器恰好处于人口的核心位置. 此时, 仍可能有用户未被覆盖. 文中采用构建最小生成树的方法继续添加中继器, 使分散的中继器之间建立连接. 该方法可在保证网络整体连通性的前提下, 放置的中继器数量最少.

当中继器网络建成连通后, 就要给每台中继器分配通信信道. 首先, 判断每个中继器到其他中继器的平均空间距离, 把平均距离最小的中继器定为 Hub 中继器; 随后, 从 Hub 中继器出发, 按照前述规则为其他中继器设定收发信道.

3. 模型的结果

文中通过衡量网络的整体性能来对简单模型和聚类模型进行对比研究. 针对不同的人口分布, 首先, 建立中继器网络; 随后, 根据未覆盖用户数计算网络覆盖率; 最后, 计算网络的信号传输率. 同时, 针对给定的人口分布, 调整相应参数, 对各指标进行灵敏度分析.

在运用两种模型进行模拟时, 将类容量分别设定为 5、10、20 和 40, 来生成

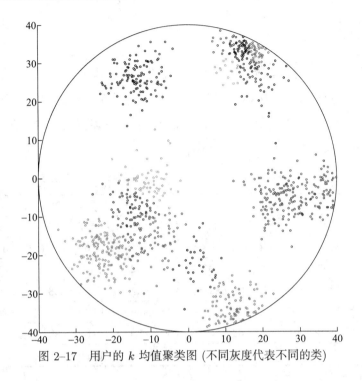

图 2-17　用户的 k 均值聚类图 (不同灰度代表不同的类)

具有聚集特性的人口分布样本. 同时生成随机分布样本, 来观察该模型对于分散的人口分布的表现. 对于每种分布, 将生成 5 个样本进行计算并检验算法.

(1) 中继器数量

　　在最简模型中, 中继器的数量可简单地由覆盖区域所需的中继器来决定. 而在聚类模型中, 初步安置的中继器数量是由 k 均值聚类算法得到的聚类数决定的, 随后根据连通性的需求进一步添加中继器. 总体上看, 中继器数量是随聚类数的增加而增加的, 如表 2-3 所示.

表 2-3　不同人口分布下中继器安置的平均数

聚类数	人口分布				
	随机	类容量 5	类容量 10	类容量 20	类容量 40
5	17.00±0.00	12.60±4.98	16.60±0.89	17.00±0.00	17.00±0.00
10	36.20±1.10	24.60±5.90	27.80±3.63	26.60±2.61	31.00±4.24
15	43.40±2.19	37.00±5.10	39.00±1.41	37.00±2.83	40.60±2.97
20	55.00±2.45	49.00±6.48	50.60±2.97	50.60±2.97	51.00±3.16
25	74.60±3.85	61.80±4.82	62.20±1.79	64.20±3.35	65.80±3.35
最简模型	43.20±0.84	25.20±1.92	33.00±2.45	33.60±2.61	40.00±1.58

(2) 用户覆盖率

最简算法的中继器安置结构在不计成本的基础上保证了用户的全覆盖. 在 k 聚类算法中, 用户没有被全覆盖, 但其覆盖率会随着聚类数的增加而增加; 相应地在网络的建立过程中, 所使用的中继器数量和中继器覆盖区域也都会随之增加. 具体数值如表 2–4 所示.

表 2–4　不同人口分布下未被中继器网络覆盖的人口平均数

聚类数	人口分布				
	随机	类容量 5	类容量 10	类容量 20	类容量 40
5	382.20±25.11	18.40±23.38	84.60±56.18	183.00±52.65	294.40±51.93
10	88.80±24.05	5.40±1.14	8.80±1.92	46.60±11.50	50.60±28.48
15	18.40±8.17	5.80±1.92	16.40±20.49	17.60±5.18	21.80±4.09
20	10.20±2.17	5.80±2.17	7.80±3.49	10.20±2.28	12.20±1.48
25	7.80±1.64	6.00±1.58	6.60±0.89	10.80±4.09	9.60±2.61
最简模型	0.00±0.00	0.00±0.00	0.00±0.00	0.00±0.00	0.00±0.00

(3) 网络传输率

将通过对前述的各种人口分布进行计算, 来检验该指标是否对所有的分布都有效. 在计算过程中, 由于网络中的潜在通信请求具有多样性, 所以将对通信请求进行 10 次模拟, 计算其平均网络传输率, 并计算标准差的平均值来进行灵敏度检验. 结果显示, 若采用最简模型安置中继器, 网络传输率约为 32%; 而采用聚类模型建立中继器网络, 网络传输率可提升至 98%. 可见, 聚类模型的网络传输率明显高于简单模型. 同时, 在聚类模型中网络传输率会随聚类数的增加而增加. 所以, 可以根据对网络的具体要求来权衡中继器数量和传输率, 从中取得平衡.

4. 模型的讨论

(1) 10000 个用户

如果使用现有聚类模型进行计算, 所建中继器网络可以解决一半用户的请求, 计算结果并不理想. 而最简模型只能满足 700 个用户同时通信的请求, 显然更不合理.

将用户数更改为 10000 后, 对于每个中继器而言, 在某时刻其接收的请求大约将增至之前的 10 倍. 这一现象将导致大量的通信请求被驳回, 特别是通过 Hub 中继器的请求更难得到响应. 通过对模型的分析发现, 大约有三分之一尝试接入网络的用户, 他们的通信都出现了集中依赖某些中继器的现象 (即用户集中于少量中继器的覆盖范围内), 这些中继器的超负荷将导致整个网络的通信阻塞. 所以为了提升网络的整体性能, 在模型中加入基于网络搜索的子网络添加算法, 其思路与聚类模型的前期建模思想相同, 实例如图 2–18 所示, 并通过在子网络中定义与其主节点不同的 PL 线路来消除信号干扰. 是否添加中继器子网络, 可通过权衡网络传输率提升所带来的收益和安置中继器所负担的花费来决定. 但是由于时间原因, 作者并未给出针对该问题的完整结果.

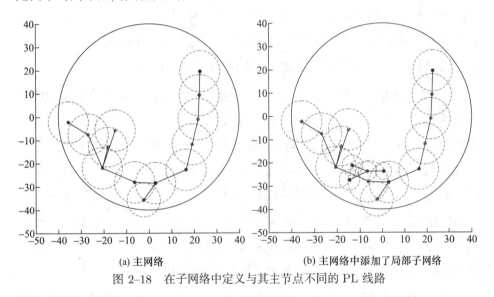

(a) 主网络　　　　　　　　　(b) 主网络中添加了局部子网络

图 2–18　在子网络中定义与其主节点不同的 PL 线路

(2) 山区地形

文中讨论了山区地形可能对该问题和中继器设备等带来的影响, 并指出不论地形如何, 聚类分析还是必要的. 由于地形会造成中继器传输范围的几何不对称性, 对后续的网络链接会造成困难. 但是, 在通信网络建成后,PL 线路和信道的分配只与现有网络有关, 不会再受地形影响.

在网络的初步构建中, 聚类分析还需与多次实验相结合才能确定中继器位置. 在这个过程中, 可以采用模拟退火算法来进行中继器位置的优化. 网络连接的方法与之前类似, 可采用直线最小生成树算法来实现. 随后通过优化, 最大化地减小孤立网络间的距离. 显然, 优化算法将非常耗时.

由于在山区地形, 中继器可以被安置在较高的位置来增加其覆盖范围, 所以也许在山区地形中最终使用的中继器数量反而会减少.

2.3 问题的综合分析与进一步研究的问题

2.3.1 问题的综合分析

2011 年 MCM 的 B 题, 具有极强的实际背景和意义, 题目要求在给定区域内建立抗干扰的 VHF 通信网络, 满足一定数量用户的通信需求, 并进一步探讨多用户和山地情形的网络构建问题. 该问题简单明了, 但并无标准答案可循, 对参赛者来说, 具有较大的发挥空间. 但是, 由于问题的开放性较强, 如何全面地解决该问题也并非易事. 想要较好地完成该题目, 主要需把握以下几点[11]:

第一, 明确题意了解背景. 由于该问题与实际联系紧密, 同时在通信领域也不乏现有方案和研究. 所以, 在解答该问题之前, 首先要查阅大量资料, 了解问题背景, 对题目中所涉及的通信原理和设备充分了解和认识, 从资料中提取有用信息. 同时还要准确把握题目, 明确题意, 避免偏题. 如对山区情况的分析中, 某些论文的重点为讨论山区中直线传播问题、如何模拟或找到山区的地图, 甚至山区中人口分布的变化等. 出题者承认, 要求建立一个独立的适用于任何山区的模型是不合理的, 但是希望参赛者可以在文章中着重指出如何在非平坦区域实现模型的构建. 所以, 分析问题, 找到其重点是至关重要的.

第二, 合理假设. 很多参赛者都会觉得, 该问题一定有成熟的模型可以直接使用, 但是实际问题往往比题目更加复杂. 而且, 文献中的背景也并非与本问题完全契合. 所以, 该问题虽然由实际而来, 但并非局限于某一已有研究, 从问题的设计也可以看见命题者对通信网络构建的探索和期望. 因此, 合理假设对解题非常重要. 首先, 假设中不能包括与建立模型无关的内容; 其次, 对于建模中涉及的假设也要给出一定的解释而非简单陈述, 指出模型对这些假设的敏感程度. 同时, 假设中也可包含某些模型必需但与实际情况不符的论断 (如假设人口服从均匀分布), 但是必须说明该假设对结论的实际作用. 此外, 假设不能与题目本意相违背, 如一些文章假设中继器可以通过有线线路相连接, 这是与题意相违背的.

第三, 资源使用的合理性. 在竞赛中充分地查阅和依靠资料是必不可少的, 但是更重要的是如何合理地引用和使用. 例如很多文章都采用了相同的网络图片, 但大多数都没有给出引用及深入说明. 部分论文采用了 Hata 模型, 一旦引用就必须给出使用该模型的理由和必要的假设, 并说明采用该模型解决问题的优势所在, 同时还需注意文章的整体性.

第四, 区域覆盖. 由于题目是要通过建立中继器网络满足对一定区域内一定用户的通信需求, 所以解决问题可以从两个不同的角度出发: 优先覆盖区域或优先模拟人口分布. 若从区域覆盖出发, 如何利用简单直接的方法对区域进行初步覆盖是问题的关键. 使用较多的方法是通过密铺六边形来实现区域的全覆盖, 每个六边形的外接圆半径均等于用户通信半径. 一部分文章通过移动正六边形格网, 来确定覆盖区域的六边形最小数量. 而较好的文章, 此时会模拟生成用户分布, 针对具体的人口分布特点, 寻找规律并依据数学理论来建立网络模型, 在满足问题需求的前提下, 实现最少中继器的区域覆盖. 关于网络覆盖模型的合理性, 较好的文章会针对不同的人口分布对所建模型进行检验. 同时, 当问题针对10000 个用户时, 如何发展模型也是关键问题.

第五, 用户覆盖. 很多文章在实现区域覆盖之前优先模拟人口分布, 然后再考虑如何使用最少的中继器对区域内具有一定分布的用户进行全覆盖或高比例覆盖, 从而建立中继器网络. 该策略存在一个很明显的问题, 即中继器网络的构建需要首先收集所有用户的位置信息. 从问题的实际角度考虑, 这一点并不容易满足. 所以, 如何进一步说明此类方案建立的中继器网络可以适应任何一种人口分布是非常关键的, 虽然大多数文章会选择多次模拟来进行验证, 但这仍是该建模策略的一个弊端. 如何在文章中说明此弊端也非常关键, 一味地回避会被评判者认为是文章的一个失误. 当然, 如果建模方法足够优秀, 仍具有冲击优秀论文的可能性.

第六, 灵敏度分析、误差分析和模型检验. 一篇好的论文必须在最后对模型给出一个评价. 当人口分布改变时, 中继器数量将如何变化? 如果文中讨论的是正态分布, 当标准偏差改变 $x\%$ 时, 结果将如何变化? 如果中继器的通信半径比假定的要小会如何? 好的文章需要对自己的结论做出检验, 有些论文将其结果与实际人口分布的情形相对比, 而有些论文与不同类别的模拟结果相对比. 当然, 除了改变参数和人口分布外, 结果的逻辑性和合理性也是一个重要的检验标准.

最后, 针对该通信问题, 除了以上 6 个关键点外, 任何论文都还需要有优秀的摘要、较好的写作和文章组织能力等. 本章所研究的几篇特等奖论文, 虽风格各异但都具有鲜明的自身特点, 参照以上要点易知其优缺点所在. 不可否认的是, 每篇论文无疑是同类论文中的佼佼者, 虽偶有遗憾, 但仍是瑕不掩瑜.

综上所述, 参赛者想要在短短的四天时间里做到面面俱到是很困难的. 所以, 如果能注重文章完整性, 同时把握好关键问题的论述, 并在文中有一两处亮点, 则不失为一篇较为优秀的论文.

2.3.2 进一步研究的问题

由于该问题具有较强的现实意义和需求, 同时具有较高的问题复杂度. 之前为了简化问题, 参赛者在文章的撰写中都做出了一定的假设, 来保证建模和求解的顺利进行, 包括优秀论文在内每篇论文也都或多或少存在一定的缺陷和问题. 特别在此题最后两问, 关于用户数量激增和山区情形的建模和论述, 绝大多数论文的分析和研究并不充分, 也未得到相应的模型和结果. 所以, 如果没有赛制中的时间限制, 在完善模型的基础上, 如何进一步贴近实际, 从设备、对象和网络需求等多方面入手, 丰富研究内容, 并最终将其应用于实际通信网络中, 将具有极其重要的理论意义和实用价值.

参考文献

[1] Wikipedia. Very High Frequency [EB/OL]. [2014–08–15]. http://en.wikipedia.org/wiki/Very high frequency.

[2] Wang W Q, Cao Y, Yang Z M. Fewest repeaters for a circular area: iterative extremal optimization based on voronoi diagrams [J]. The UMAP Journal, 2011, 32(2): 131–148.

[3] Aurenhammer F. Voronoi diagrams: a survey of a fundamental geometric data structure[J]. ACM Computing Surveys, 1991, 23 (3): 345–405.

[4] Balanis C A. Antenna Theory: Analysis and Design [M]. New York: John Wiley & Sons, 2012.

[5] Gilhousen K S, Jacobs I M, Padovani R, et al. Wheatley III. On the capacity of a cellular CDMA system [J]. IEEE Transactions on Vehicular Technology, 1991, 40 (2): 303–312.

[6] Bak P, Sneppen K. Punctuated equilibrium and criticality in a simple model of evolution[J]. Physical review letters, 1993, 71 (24): 4083–4086.

[7] Frey J W, O'Neil P, Menchini E. Optimizing VHF Repeater Coordination Using Cluster Analysis [EB/OL]. [2013–10–11]. http://wenku.baidu.com/link?url=6mb GCmtn9W6vLQndZFqPcqv-8qFOrEcJtfijpUHv-YUjv_Fs4pNtveRuTED4Gws9fp2W PJq0Wr0qLCHlwaoMQ2t7_CF0CukD9hOLYtCu-4e.

[8] Wikipedia K-means Clustering [EB/OL]. [2014–08–20]. http://en.wikipedia.org/ wiki/K-means clustering.

[9] Ryan L, Marriner D, Furlong D. Clustering on a Network [EB/OL]. [2015–01–24]. http://wenku.baidu.com/link?url=6xmuzD7hMGV0jjvgxY724xcfqvgq3OGmPg7R 2mIwrzeXiNKV4jhvp5v9ARiOYqyXpU8LBOLYVdYOrDd6mK3gvYufxpFQHE 4JFyCuV8Yq_RG.

[10] Socioeconomic data and applications center [EB/OL]. [2011–02–13]. http://sedac. ciesin.columbia.edu/gpw/.

[11] Shannon K. Judges' commentary: the outstanding repeater coordination papers [J]. The UMAP Journal, 2011, 32(2): 149–154.

第 3 章　电动汽车的未来

3.1　问题的综述

3.1.1　问题的提出

电动汽车问题是 2011 年美国大学生数学建模竞赛的 C 题, 主要研究电动汽车未来发展方面的问题. 题目如下:

电动汽车对环境和经济发展的影响如何?

它们有广泛的应用前景和实用价值吗?

这里给出一些观点供你考虑, 实际上还有更多观点没有列出. 在你的模型中不必把这些观点都考虑在内.

- 广泛使用电动汽车真的节省油吗? 或者我们仅仅是将石油的一种使用方式变成了另外一种方式而已, 因为当前多数情况下, 电能还是通过石油产生的. 通过使用电动汽车, 什么情况下才能真正达到最大化节约能源的目的?

- 21 世纪, 其他能源如风能和太阳能的发电量提高多少, 才能使广泛使用电动汽车这一方案切实可行并且对环境有利? 分析其他能源发电量的提高是否有希望并且有很大可能性?

- 在非用电高峰期充电是否有利? 是否将提高电动汽车广泛使用的可能性? 电动汽车多长时间完成充电, 可以使电动汽车的使用效率及实用效果达到最大? 在这些方面怎样提高, 可以打破平衡, 达到节约环境资源和广泛使用电动汽车的目标?

- 什么样的基本运输方式是最有效率的? 不同形式的运输方式的效率与它所使用的国家或地区有关系吗?

• 由电动汽车直接引起的污染很少, 但是存在与电动汽车有关的隐性污染源吗? 汽车在运行过程中, 汽油与柴油在有氧环境下在内燃机内燃烧以产生能量, 它们排放的一氧化物和二氧化碳会带来污染, 但这些是我们真正需要担心的问题吗? 这些气体给我们的环境与健康所带来的短期影响与长期影响是什么?

• 生产大量电动汽车所需要的电池造成的污染如何? 对电动汽车和燃油汽车对环境的污染进行对比分析.

• 你也需要考虑经济效益以及电动汽车给人类所带来的便利. 电池重新充电或快速替换能够及时满足人们的交通需求吗? 或者电动车所使用的范围应该被限制吗? 电动汽车在交通运输中只扮演一种角色吗? 或仅仅只是用于轻型的短途运输? 它们可以被应用于重型长途运输吗? 政府需要给予一些经费去支持电动车技术的开发者吗? 如果需要, 为什么要支持? 支持多少? 以什么样的形式去支持?

需要完成的问题如下:

(1) 从环境、社会、经济和健康的角度建立模型说明电动车的广泛使用将会带来的影响, 并且详细说明政府以及电动车制造商需要考虑是否支持电动汽车产业, 以及如何支持电动车产业, 考虑该问题时应该注意的细节与关键. 你有哪些数据来验证你的模型?

(2) 用你的模型来评估: 当广泛使用电动汽车时我们将会节省多少石油燃料?

(3) 提供一个关于发电类型与发电总量的模型, 使你所推荐的关于电动汽车使用类型与数量的方案对环境、社会、商业和个人产生最大的利益.

(4) 写一份 20 页的报告阐述你的模型以及你关于电动汽车和电力产业主要考虑问题的分析, 确保里面包含了政府部门需要扮演的角色, 他们应该保证安全、有效、高效率的运输. 讨论如果提倡使用电动汽车是值得努力的, 同时在面对减少矿物燃料的使用上, 是处理全球能源需求问题全面战略的重要组成部分.

问题的原文如下[1]:

How environmentally and economically sound are electric vehicles?

Is their widespread use feasible and practical?

Here are some issues to consider, but, of course, there are many more, and you will not be able to consider all the issues in your model(s):

• Would the widespread use of electric vehicles actually save fossil fuels or would we merely be trading one use of fossil fuel for another given that electricity is currently mostly produced by burning fossil fuels? What conditions would need to be put in place to maximize the savings through use of electric vehicles?

• Consider how much the amount of electricity generated by alternatives such as wind and solar would need to climb during the twenty-first century to make the widespread use of electric vehicles feasible and environmentally beneficial. Assess whether or not the needed growth of these alternate sources of electricity is likely and possible.

• Would charging batteries at off-peak times be beneficial and increase the feasibility of widespread use of electric vehicles? How quickly would batteries need to charge to maximize the efficiency and practicality of electric vehicles? How would progress in these areas change the equation regarding the environmental savings and practicality of widespread use of electric vehicles?

• What method of basic transportation is most efficient? Is the efficiency of different methods dependent of the nation or region in which it is used?

• Pollution caused directly by electric vehicles is low, but are there hidden sources of pollutants associated with electric vehicles? Gasoline and diesel fuel burned in internal combustion engines for transportation account for nitrites of oxygen, vehicle-born monoxide and carbon dioxide pollution but are these bi-products something we really should worry about? What are the short and long term effects of these substances on the climate and our health?

• How would the pollution caused by the increasing need to dispose of increasing numbers of large batteries effect the comparison between the environmental effects of electric vehicles versus the effects of fossil fuel-burning vehicles?

• You also should consider economic and human issues such as the convenience of electric vehicles. Can batteries be recharged or replaced fast enough to meet most transportation needs or would their ranges be limited? Would electric vehicles have only a limited role in transportation, good only for short hauls (commuters or light vehicles on short trips) or could they practically be used for heavier and longer-range transportation and shipping? Should governments give subsidies to developers of electric vehicle technologies and if so, why, how much, and in what form?

Requirements:

• Model the environmental, social, economic, and health impacts of the widespread use of electric vehicles and detail the key factors that governments and vehicle manufacturers should consider when determining if and how to support the development and use of electric vehicles. What data do you have to validate your model(s)?

• Use your model(s) to estimate how much oil (fossil fuels) the world would save by widely using electric vehicles.

• Provide a model of the amount and type of electricity generation that would be needed to support your recommendations regarding the amount and type of electric vehicle use that will produce the largest number of benefits to the environment, society, business, and individuals.

• Write a 20-page report (not including the summary sheet) to present your model and your analysis of the key issues associated with the electric vehicle and electricity generation. Be sure to include the roles that governments should play to insure safe, efficient, effective transportation. Discuss if the introduction of widespread use of electric vehicles is a worthwhile endeavor and an important part of an overall strategy to address global energy needs in the face of dwindling fossil fuel supplies.

References:

1. Getting reliable global data on controversial issues like this one can be difficult. As a start on global energy information we provide this link: http://www.bp.com/liveassets/bp internet/globalbp/globalbp uk english/reports and publications/statistical energy review 2008/STAGING /local assets/ 2010 downloads/statistical review of world energy full report 2010.pdf

2. A concise summary of energy generation and usage in the US is found here: http://www.eia.doe.gov/aer/pecss diagram.html

3. More global data in spreadsheet form are found here: http://www.eia.doe.gov/iea/

3.1.2 问题的背景资料

如果说 21 世纪的第一个 10 年奏响了电动汽车的序曲, 第二个 10 年将进入真正的主旋律. 虽然电动汽车将在很长一段时间内是一个多种技术路线共存的局面, 但 "高度电动化" 的技术路线已呈现了明显的优势.

美国前总统奥巴马于 2011 年 1 月下旬宣称, 美国政府到 2015 年要实现 100 万辆电动汽车上路的目标. 在世界范围内, 电动汽车正受到消费者的热捧. 但另一方面, 如果没有更智能的电网, 电动汽车的环境和经济效益将受到限制. 在 2013 年智能电网全球论坛上, 与会领袖们谈到了发展基础设施, 改善电动汽车充电方式, 增加充电场所, 以及多久能够投入使用等问题. 汽车厂商目前正在开发和生产插电式电动汽车, 这种汽车安全、便宜、充满驾驶乐趣. 汽车生产商看到了使用电力而非传统驱动系统的电动汽车的光明前途.

美国州政府和联邦政府已采取宽松的退税措施, 鼓励消费者购买电动汽车, 他们可以获得高达 7500 美元的联邦税收优惠. 加利福尼亚州、佐治亚州和田纳西州等多个州正在采用更多的优惠措施吸引潜在的电动汽车买家[2-4].

除此之外, 奥巴马政府还拨款 4 亿美元, 用于交通运输部门的电气化建设. 目标之一是在 2013 年底前建设 2 万个充电站并投入使用.

智能电网是将先进的通信、自动化和信息技术与我们目前的电气设施结合起来. 开发和使用智能电网仍然是非常大的障碍. 没有智能电网, 电动汽车及其充电站就无法真正为私人和公共投资带来切实的利益.

接入智能电网的电动汽车和充电站能够使交通在未来的能源领域中变得更清洁、更高效. 通用电气公司研究显示, 如果 1 万辆油气驱动型乘用车变成电动汽车, 那么每年将减少 3.3 万吨 CO_2 排放.

充电设施目前正处于早期开发阶段. 目前的电力系统只能够容纳少量电动汽车, 如果更多的普通汽车被电动汽车所取代, 并且都在高峰时段充电的话, 那么目前的电力系统将不堪重负. 在用电高峰时段, 电力单位不得不启动另外的、成本更高的发电厂以满足需求, 这些额外的运营费用将转变成更高的电价. 这也就是说, 对电动汽车用户而言, 在非高峰时段充电更实惠, 因为根据分时定价模式, 非高峰时的电力是 "打折出售". 这种模式可通过法规管理和智能电网来实现.

消费者还需要位于其社区里的充电站. 据 ABI 调查研究公司的报道, 2013 年只有 2 万个电动汽车充电站投入使用, 其中超过半数位于美国, 约 1/4 在中国, 另外 1/4 遍布全球其他地区, 以欧洲为主[6]. 今后将需要在消费者驾车和停车的所有地方建设更多的电动汽车充电设施, 比如住宅、工作场所、咖啡店、购物中心附近、酒店、城镇四周等. 近 40%的美国人可能会试驾电动汽车. 然而, 消费者电子协会的一项调查显示, 约半数受访者担心电动汽车一次充电的行驶里程不够多.

为了缓解电动汽车在行驶里程方面的限制, 通用电气公司的瓦特充电站等电动汽车充电器项目已经启动. 这些充电器提供了多种安全特性、信用卡读卡器、智能电网连接和更短的充电时间, 以方便电动汽车的使用[7].

在中国, 2014 年 10 月 17 日, 在 2014 年北京新能源汽车展上, 沃尔沃发布了国产 S60L PPHEV 汽油插电混合动力车型, 这款车亦是我国首款国产插电混合动力豪华品牌轿车. 新能源车在中国已经进入新的发展时期, 2014 年 1 月到 9 月, 中国的新能源车销量增长较快, 已经超过 2 万辆. 相对于已经比较成熟和稳定的西方汽车市场, 中国的汽车市场仍然处于快速发展时期.

但电动汽车本身的发展也面临很多问题, 包括:

(1) 续驶里程有限. 目前市场上的电动汽车一次充电后行驶里程一般为 100 $\sim$

300km, 并且需要保持一定的行驶速度及良好的电池供应系统.

(2) 蓄电池使用寿命短. 普通蓄电池充放电次数为 300 ∼ 400 次, 性能很好的蓄电池充放电次数为 700 ∼ 900 次, 按每年充放电 200 次计算, 一块蓄电池的寿命至多为 4 年, 成本较高.

(3) 蓄电池尺寸和质量的制约. 现有电动汽车所使用的电池都不能在存储足够能量的前提下保持合理的尺寸和质量. 如果电动汽车自身装备质量过大, 就会影响加速性能和最大车速.

(4) 电动汽车价格昂贵. 主要是由于电池技术复杂, 成本太高; 另外也由于采用一系列新材料、新技术, 致使电动汽车的造价居高不下.

(5) 间接污染问题. 电动汽车虽然本身不排放尾气, 但其间接污染却是不容忽视的. 例如铅酸电池中的铅, 从开采、冶炼到生产过程, 都会对环境造成污染. 又如电能, 相当大一部分来自火力发电, 煤炭燃烧也会造成大气污染.

总之, 电动汽车的未来发展, 是整个社会乃至全球都十分关注的问题, 该赛题正是基于这个全球大背景, 要求参赛队员基于物理学、信息学及社会科学建立有效的数学模型, 从环境、社会、经济和健康等角度说明电动汽车对未来社会的影响, 与燃油汽车对比分析对环境的污染情况, 以及为了保证电动汽车的电能供应, 如何设计发电厂供电等有关电动汽车未来发展将遇到的问题, 电动汽车的发展前景等综合性的问题[8]. 可以说, 该问题是一个综合性的, 集数学、环境科学、社会科学、工程学等一体的综合性问题.

对于 2011 年这道 ICM 赛题, 总共有 735 个队提交论文, 其中美国 45 个队, 其他国家 690 个队. 总共有 6 个队被评为优胜论文 (Outstanding Winner), 其中 4 个队为中国队; 5 个队被评为特级提名论文 (Finalist); 146 个队被评为甲级论文 (Meritorious); 292 个队被评为乙级论文 (Honorable Mention); 286 个队被评为合格论文 (Successful Participants).

3.2   问题的数学模型与结果分析

由于是开放性问题, 不同的队思路不同, 所采用的模型、考虑问题的方面和侧重点有所不同, 得到的结论也不同, 这里选取了两篇优秀论文, 对其模型、方法与结果进行介绍.

3.2.1 模型一: 燃油型、电动型以及混合型汽车的对比

来自西北工业大学的优胜论文将汽车类型分为传统的燃油型 (CV)、电动型 (EV) 和混合型 (HEV) 三种类型, 对比分析了未来 50 年在环境、社会、经济和健康方面的影响. 选定 3 个有代表性的国家: 法国、美国和中国. 法国作为欧洲的代表, 中国作为亚洲的代表, 美国作为美洲的代表. 模型从以下三个方面展开.

1. 对汽车总量及 CV、EV 和 HEV 未来变化的预测

在该部分中, 首先预测未来 50 年汽车总量, 然后估计未来 50 年 CV、EV 和 HEV 的变化.

(1) 汽车总量预测

首先预测未来 50 年三个国家汽车总量的增长. 采用阻滞型的 Logistic 模型, 建立的微分方程为

$$\begin{cases} \dfrac{\mathrm{d}x}{\mathrm{d}t} = rx\left(1 - \dfrac{x}{M}\right) \\ x(0) = x_0 \end{cases} \tag{3.1}$$

由该方程得到的解为

$$x(t) = \frac{M}{1 + \left(\dfrac{M}{x_0} - 1\right)\mathrm{e}^{-rt}} \tag{3.2}$$

其中 r 为增长率, M 为饱和量, 也就是汽车最大容量, x_0 为初始值, 取 2010 年的汽车总量.

在该模型中, 首先需要估计模型的参数: 汽车最大容量 M 和年增长率 r. 论文根据 2005 年到 2010 年三个国家的历史数据 (见表 3–1) 进行估计.

表 3–1　2005—2010 年法国、美国和中国的汽车拥有量　　　单位为百万辆

国家	2005 年	2006 年	2007 年	2008 年	2009 年	2010 年
法国	3	3.17	3.34	3.51	3.68	3.8
美国	24	25	29	30	31	32
中国	10	11.1	12.4	13.7	15.2	16.8

估计得到三个国家的饱和量和增长率, 见表 3–2.

表 3-2　三个国家的饱和量和增长率估计值

参数	法国	美国	中国
M	6×10^7	6×10^8	1.4×10^9
r	0.115	0.115	0.115

以 2010 年的数据作为初始值, 利用式 (3.2) 对未来 50 年每年汽车拥有量进行预测. 得到的预测结果曲线见图 3-1.

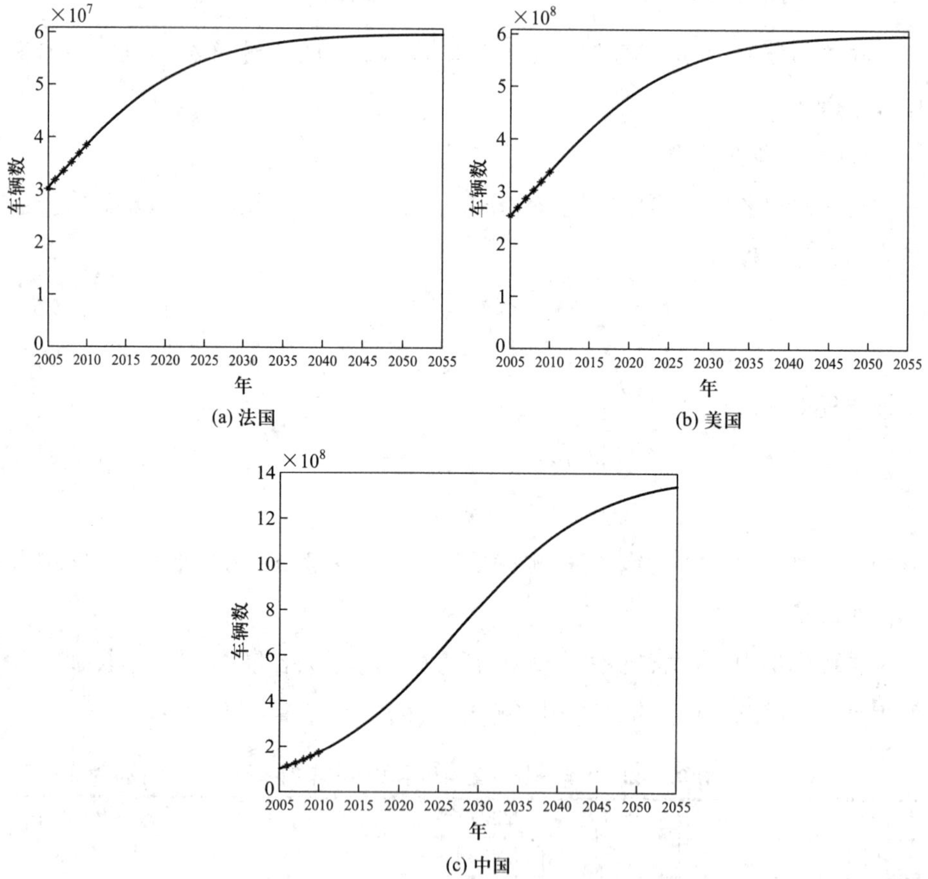

(a) 法国

(b) 美国

(c) 中国

图 3-1　法国、美国和中国未来 50 年汽车拥有量的预测

结果显示, 法国汽车拥有量在 2030 年左右开始增长缓慢, 数量是 6×10^7 辆; 美国的汽车拥有量在 2030 年后也变化很小, 其数量是 6×10^8 辆; 中国从 2010 年迅速增长, 一直增长到 2050 年, 其数量为 1.4×10^9 辆.

(2) 传统汽车、电动汽车和混合型汽车未来的增长

根据当前石油的保有量及消耗速度, 到 2055 年石油资源将会变得很少, 因

此应该减少对石油的依赖, 政府应该控制石油的消耗量在未来 50 年减少 90%. 根据资料数据, 设 HEV 消耗的石油为其总消耗量的 8/9. 每年 CV 和 HEV 消耗的石油控制在 2010 年两种车石油消耗总量的一定比例之下, 该比例设为 $\eta(t)$. EV 适用于轻型和短途运输, 而 HEV 适用于重型及长途运输. 假定到 2055 年, EV 与 HEV 的比例达到 $3:1$. 由此建立 CV、EV 和 HEV 的分配模型为

$$
\begin{cases}
z_{\text{HEV}}(t) \cdot \dfrac{8}{9} + z_{\text{CV}}(t) = \left[z_{\text{HEV}}(2010) \cdot \dfrac{8}{9} + z_{\text{CV}}(2010) \right] \cdot \eta(t) \\
z_{\text{EV}}(t)/z_{\text{HEV}}(t) = R(t) \\
z_{\text{CV}}(t) + z_{\text{EV}}(t) + z_{\text{HEV}}(t) = x(t)
\end{cases}
\tag{3.3}
$$

其中 $z_{\text{CV}}(t)$ 表示 t 年 CV 的数量; $z_{\text{EV}}(t)$ 表示 t 年 EV 的数量; $z_{\text{HEV}}(t)$ 表示 t 年 HEV 的数量; $x(t)$ 表示 t 年汽车的总量; $R(t)$ 是 t 年 EV 与 HEV 的比值, 其中 $R(2055) = 3$; $\eta(t)$ 是控制参数, 表示 t 年对石油的依赖百分比, 设 $\eta(2055) = 10\%$.

另外政府应该控制 CV、EV 和 HEV 的比例, 使得环境、社会、商业和个体获得最大收益. 因此建立如下的优化模型:

$$
\max \sum E(R,\eta) + S(R,\eta) + B(R,\eta) + I(R,\eta)
\tag{3.4}
$$

$$
\text{s.t.}
\begin{cases}
E(R,\eta) \leqslant O \\
S(R,\eta) \geqslant H \\
B(R,\eta) \geqslant C \\
I(R,\eta) \geqslant \Delta P
\end{cases}
\tag{3.5}
$$

其中 E 是环境因子, S 是社会因子, B 是商业因子, I 是社会因子, O 是环境总量限制, H 是健康因子最小值, C 是商业最低保证, ΔP 是个体收益变化量最小值.

根据该模型得到的法国、美国和中国 CV、EV 和 HEV 未来 50 年的拥有量见图 3–2.

从计算结果来看, 法国的电动车辆数在前 15 年增长很快, 从 0.4×10^7 辆增长到 4×10^7 辆; 传统车辆数从 2010 年 2.5×10^7 辆下降到 2050 年 0.54×10^7 辆, 其下降效果十分明显. 美国的情形与法国类似, 传统车辆数从 1.9×10^8 辆下降到 0.65×10^8 辆, 电动车辆数从 0.25×10^8 辆增长到 4×10^8 辆, 混合型电动车数量从 0.25×10^8 辆增长到 1.4×10^8 辆.

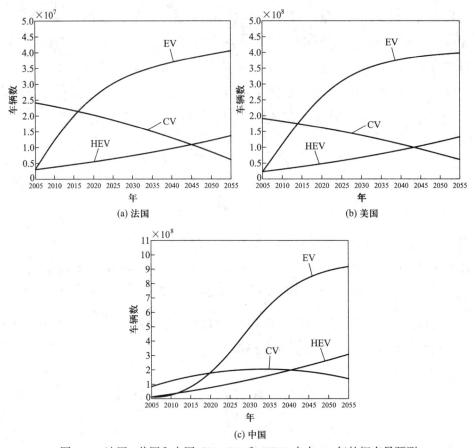

(a) 法国　　　　　　　　　　(b) 美国

(c) 中国

图 3-2 法国、美国和中国 CV、EV 和 HEV 未来 50 年的拥有量预测

中国电动车和混合型电动车的增长比法国和美国更加明显, 电动车辆数从 0.11×10^8 辆增长到 9.1×10^8 辆; 混合型电动车从 0.11×10^8 增长到 3.03×10^8 辆, 这预示着中国对电能的需求更大. 从图 3-2 还可以看出, 中国传统车的数量从 2010 年的 0.9×10^8 辆增长到 2035 年的 2.3×10^8 辆, 然后开始下降, 到 2050 年下降到 1.6×10^8 辆. 获奖论文对这些现象进行了分析.

2. 电动汽车和混合型电动汽车电能需要与供应

法国、美国和中国未来 50 年电动汽车与混合型电动汽车的发展, 需要考虑对电能的需求与供应问题.

电能需求的模型为

$$A(t) = \sum_i C_i \cdot Z_i(t) \tag{3.6}$$

其中 $A(t)$ 是第 t 年电能的需求量, C_i 是平均每辆电动汽车的电能需求, $Z_i(t)$ 是第 t 年第 i 种电动汽车的数量, 该式是对每辆电动汽车需要平均电能进行求和. 根据资料数据, 混合型电动汽车消耗的电能按纯电动汽车的 1/8 计算.

电能的供应采用用电低峰期充电和建立发电厂供电两种方式.

根据资料估计, 总电能的 27.3% 能够在用电低峰期用来为电动汽车和混合型电动汽车充电. 用电低峰期的充电方程可描述为

$$\begin{cases} C(t) = A(t) - O(t) \\ O(t) = 27.3\% \cdot G(t) \end{cases} \tag{3.7}$$

其中 $A(t)$ 是第 t 年电能的需求量, $G(t)$ 是该国第 t 年产生的总电能, $O(t)$ 第 t 年低峰期充电的电能. 计算出的 $C(t)$ 就是电动汽车 (包括混合型电动汽车) 除低峰期充电获得的电能外还需要提供的额外电能.

根据 (3.7) 式及相关数据, 预测三个国家未来额外需要的电能 $C(t)$ 如图 3-3 所示.

从计算结果来看, 在 2005 年, 法国和美国的 EV 和 HEV 都需要额外的电能供应, 而中国不需要; 但到 2012 年后, 中国也需要额外的电能供应才能满足 EV 和 HEV 的需要. 因此对于这三个国家, 都需要设计发电厂来提供额外的电能供应.

对额外电能的产生, 论文考虑热能、水能、核能、风能以及太阳能等几种类型, 每年综合产生的电能应该满足额外电能的需要. 每种方式提供的电能是受限制的, 如水能受地理环境和水量的限制; 太阳能受接收到的阳光限制, 沙漠地带太阳光更充足些; 核能受技术和资金的限制. 对于热能, 根据资料, 论文考虑应该不超过总量的 10%. 模型的目标是总的经济代价最小. 综合这些因素, 建立如下的模型:

$$\min \sum_i p_i(t) \cdot x_i(t) \tag{3.8}$$

$$\text{s.t.} \begin{cases} \sum_i x_i(t) \geqslant C(t) \\ x_i(t) \leqslant k_i(t) \\ x_1(t) \leqslant 10\% \cdot \sum_i x_i(t) \end{cases} \tag{3.9}$$

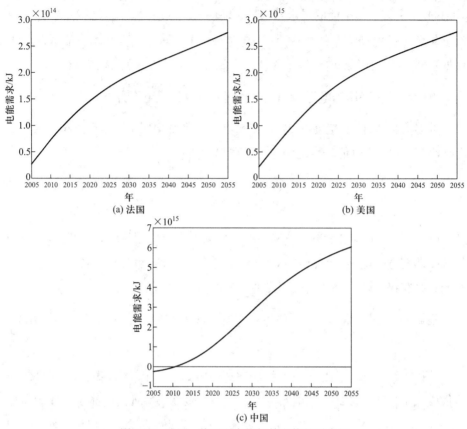

图 3-3 法国、美国和中国额外电能的需求量

这里 $p_i(t)$ 表示第 t 年第 i 种电能每焦耳的价格, $x_i(t)$ 表示第 t 年第 i 种电能的总量, $x_1(t)$ 第 t 年热能的总量, $k_i(t)$ 第 t 年第 i 种电能的上限, $C(t)$ 是式 (3.7) 中的额外电能.

为了求解该模型, 根据资料给出了模型中需要的参数, 见表 3-3.

表 3-3　模型所需参数

国家	$p_1(t)$ 热能	$p_2(t)$ 水能	$p_3(t)$ 核能	$p_4(t)$ 风能	$p_5(t)$ 太阳能	$k_1(t)$ 热能	$k_2(t)$ 水能	$k_3(t)$ 核能	$k_4(t)$ 风能	$k_5(t)$ 太阳能
法国	3 美分 /kW·h	6 美分 /kW·h	4 美分 /kW·h	8 美分 /kW·h	5 美分 /kW·h	$4\times$ $10^9\mathrm{kW\cdot h}$	$0.8\times$ $10^9\mathrm{kW\cdot h}$	$70\times$ $10^9\mathrm{kW\cdot h}$	$1.8\times$ $10^9\mathrm{kW\cdot h}$	$1.8\times$ $10^9\mathrm{kW\cdot h}$
美国	2 美分 /kW·h	5 美分 /kW·h	3 美分 /kW·h	5美分 /kW·h	4 美分 /kW·h	$1.2\times$ $10^{11}\mathrm{kW\cdot h}$	$0.9\times$ $10^{11}\mathrm{kW\cdot h}$	$6\times$ $10^{11}\mathrm{kW\cdot h}$	$0.9\times$ $10^{11}\mathrm{kW\cdot h}$	$3\times$ $10^{11}\mathrm{kW\cdot h}$
中国	0.18 元 /kW·h	0.1 元 /kW·h	0.2 元 /kW·h	0.5 元 /kW·h	0.3 元 /kW·h	$1.8\times$ $10^{11}\mathrm{kW\cdot h}$	$11\times$ $10^{11}\mathrm{kW\cdot h}$	$5\times$ $10^{11}\mathrm{kW\cdot h}$	$3\times$ $10^{11}\mathrm{kW\cdot h}$	$4\times$ $10^{11}\mathrm{kW\cdot h}$

利用表 3-3 中的参数及模型 (3.8)、(3.9), 计算得到三个国家未来 50 年产生的几种额外电能, 计算结果见图 3-4.

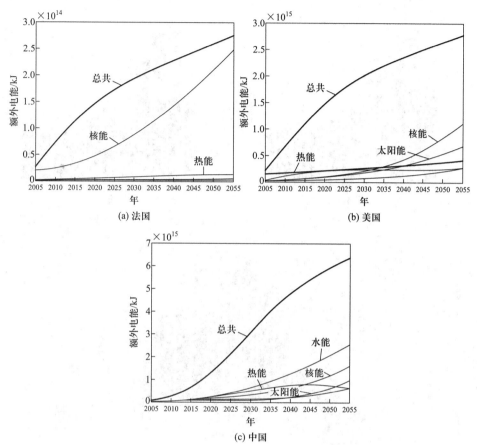

图 3-4 法国、美国及中国未来 50 年产生的几种额外电能曲线

从图 3-4(a) 可以看出, 法国核能增长最快, 热能有一些增长, 而风能、太阳能和水能几乎没有增长. 从图 3-4(b) 美国发展的图形来看, 核能是发展最快的, 太阳能、风能和水能也比较丰富, 其趋势比较平缓. 从图 3-4(c) 中国的发展图形看, 水能发展最快, 核能次之, 热能和太阳能比较平缓.

接下来研究如何确定发电站数量, 以满足 EV 和 HEV 对额外电能的需要. 论文假定每个电站平均发电 10000000kW·h, 因此总的发电站数量通过 (3.10) 式确定:

$$n_1(t) = \frac{C(t)}{E_0} \tag{3.10}$$

其中 $C(t)$ 是式 (3.7) 中的总额外电能, E_0 为每个电站的年平均发电量, $n_1(t)$ 则为平均每年发电站数量.

　　计算得到以 5 年为周期所建发电站的数量, 如图 3–5 所示.

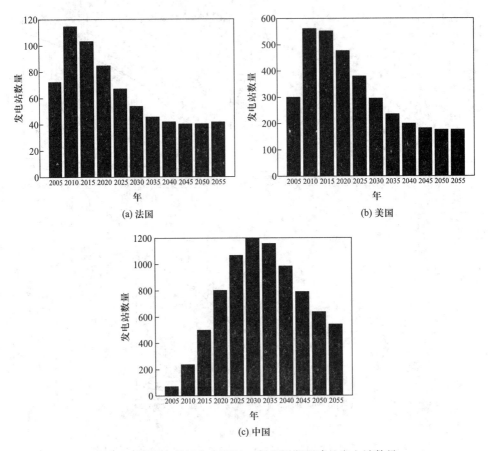

图 3–5　法国、美国和中国以 5 年为周期所建的发电站数量

3. EV 和 HEV 对未来环境、经济、社会和健康的影响

　　该部分研究了 CV、EV 和 HEV 发展后 CO_2 排放量和化石燃料消耗量的变化.

　　(1) CO_2 排放量的变化

　　对 CO_2 的排放采用模型 (3.11) 进行计算:

$$
\begin{cases}
S(t) = S_{\text{CV}}(t) + S_{\text{EV}}(t) + S_{\text{HEV}}(t) \\
S_{\text{CV}}(t) = L_1 \cdot v_1 \cdot z_1 \\
S_{\text{EV}}(t) = L_2 \cdot v_2 \cdot z_2 \\
S_{\text{HEV}}(t) = L_3 \cdot v_3 \cdot z_3 \\
v_2 = I_2 \cdot E_2 \\
v_3 = \dfrac{a \cdot v_3' + b \cdot I_3 \cdot E_3}{a + b}
\end{cases}
\tag{3.11}
$$

其中 $S(t)$ 是第 t 年 CO_2 排放量, L_i 是第 t 年第 i 种类型电动汽车的行驶距离, v_i 是第 i 种类型电动汽车每行驶 1 km 的 CO_2 排放量, z_i 是第 i 种类型电动汽车的数量, I 是 CO_2 强度, E 是电动汽车每行驶 1 km 需要的能量, a 和 b 分别是 HEV 汽油模式和电模式对应的行驶路程.

根据论文资料给出 $v_1 = 155\text{g}$, $E_2 = 450\text{kJ}$, $v_3' = 108\text{g}$, $E_3 = 770\text{kJ}$, $a = 50\text{km}$, $b = 420\text{km}$.

计算结果见图 3-6.

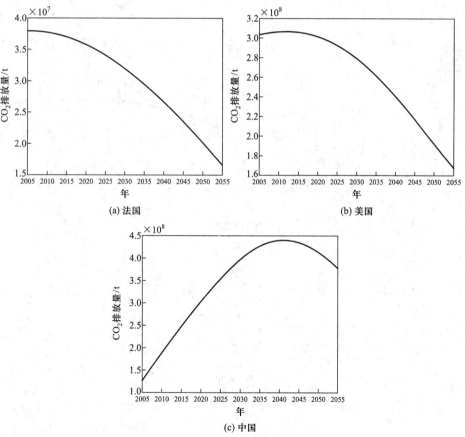

图 3-6   法国、美国和中国的 CO_2 排放量

　　从结果来看, 法国的 CO_2 排放量一直在减少; 美国在前 10 年略有增长, 之后则下降较快; 而中国的 CO_2 从 2005 年开始一直增长, 到 2040 年才开始下降.

　　(2) 原油的节约量

　　论文为了比较法国、美国和中国在使用电动汽车后节约的原油, 建立了模型 (3.12):

$$Q(t) = C_{cv} \cdot \sum_i z_i(t) - \sum_i C_i \cdot z_i(t) \tag{3.12}$$

其中 $Q(t)$ 表示某国广泛使用电动汽车后节约的原油, C_{cv} 是每辆燃油汽车平均消耗的原油, C_i 是每辆汽车在第 t 年第 i 种电动汽车平均消耗的原油, $z_i(t)$ 第 t 年第 i 种电动汽车数量. 计算结果见图 3-7.

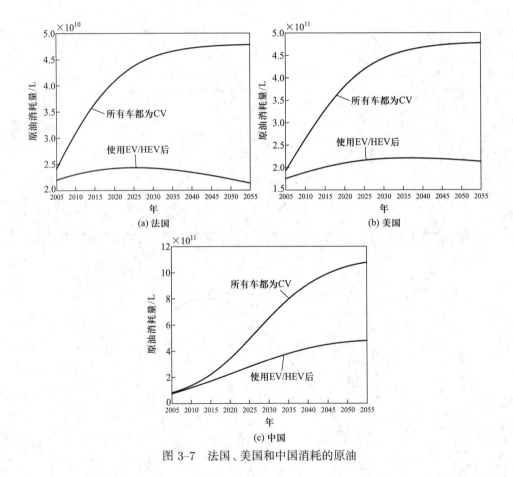

图 3-7　法国、美国和中国消耗的原油

　　根据法国、美国和中国节约的原油 $Q(t)$, 论文对这三个国家代表的地区进行加权求和, 估算世界范围内广泛使用电动汽车后节约的原油.

$$Total(t) = r_1 \cdot Q_中 + r_2 \cdot Q_美 + r_3 \cdot Q_法 \tag{3.13}$$

这里 $Total(t)$ 是世界范围内广泛使用电动汽车后节约的原油总和, r_i 是权重系数, $Q_i(t)$ 是第 i 个国家节约的原油.

论文取 $r_1 = 2.6462, r_2 = 2.4333, r_3 = 12.1333$. 计算结果如图 3–8 所示.

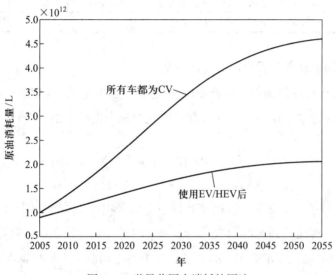

图 3–8 世界范围内消耗的原油

从计算结果来看, 在世界范围内, 如果广泛使用电动汽车, 到 2055 年大约可以节约 2500 亿升原油.

(3) 使用电动汽车后下降的费用

使用电动汽车后费用将下降. 主要考虑了两个方面, 一是比较了 CV、EV 和 HEV 每行驶 100km 的费用. 对 CV, 在世界范围内的平均油耗是 8L/100km, EV 和 HEV 平均消耗的电能为 20kW·h/100km. 法国、美国和中国的当前油价分别为 1.38 欧元/L、58.17 美元/每桶和 7 元/L; 法国、美国和中国的当前电价分别为 0.12 欧元/kW·h, 6 美元/kW·h 和 0.56 元/kW·h. 假设每辆车年平均行驶 10000km.

另一方面, 考虑了电动汽车的维修费用问题. 根据资料, 电动汽车的维修费用大约比 CV 节约 90%, 其中每行驶 30000 英里的维修费用大约为 272.03 美元[①], 年平均维修费用为 56.6 美元, 在维修方面, 使用电动汽车每年可节约费用 51 美元.

综合两方面因素, 得到计算结果见表 3-4, 其中 HEV 行驶里程的 1/9 考虑使用电模式.

表 3-4 法国、美国和中国使用 CV、EV 和 HEV 费用计算

费用种类	法国	美国	中国
每辆 CV 的行驶费用 (包括 HEV 的油模式) (美元/100km)	14.9	6.3	8.61
每辆 EV 的行驶费用 (包括 HEV 的电模式)(美元/100km)	3.25	1.2	1.72
每辆电动汽车平均每年节约的费用 (美元)	1165	510	689

(4) 使用电动汽车后提供的就业机会

电动汽车行业将提供一些就业机会, 包括建立发电站、充电站以及电动汽车制造业. 论文建立了模型 (3.14) 对提供的就业机会进行了预测:

$$H(t) = h_1 \cdot n_1(t) + h_2 \cdot n_2(t) + \sum_i g_i \cdot z_i(t) \tag{3.14}$$

其中 $n_1(t)$ 是第 t 年建立的发电站数量, h_1 是平均每个发电站提供的就业岗位; $n_2(t)$ 是第 t 年建立的充电站数量, h_2 是平均每个充电站提供的就业岗位;z_i 是第 i 种类型电动汽车的数量, g_i 是第 i 种类型电动汽车平均每辆车提供的就业岗位. $H(t)$ 是第 t 年提供的总就业岗位.

发电站数量 $n_1(t)$ 在前面已经计算, 充电站数量 $n_2(t)$ 采用 (3.15) 式进行计算:

$$n_2(t) = \frac{z_{\mathrm{HEV}}(t) \cdot \dfrac{1}{9} + z_{\mathrm{EV}}(t)}{n_0} \tag{3.15}$$

其中 n_0 是平均每个充电站能够充电的车辆数, $z_{\mathrm{HEV}}(t)$ 表示第 t 年 HEV 的数量, 1/9 表示 HEV 使用的电能占总能量的比例, $z_{\mathrm{EV}}(t)$ 表示第 t 年 EV 的数量, 则该式计算出的 $n_2(t)$ 是第 t 年所需要的平均充电站数量.

论文给出了相关参数并对法国、美国和中国未来 50 年提供的就业岗位进行了预测, 结果如图 3-9 所示.

---

① http://www.repairtrust.com/car_maintenance_costs.html

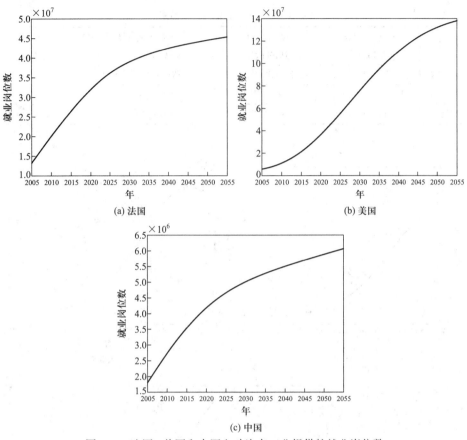

图 3-9 法国、美国和中国电动汽车工业提供的就业岗位数

(5) 电动汽车工业的投资回报

论文建立了投资模型 (3.16):

$$cap(t) = p_1 \cdot n_1(t) + p_2 \cdot n_2(t) + \sum_i s_i \cdot z_i(t) \qquad (3.16)$$

其中 p_1 是平均每个发电站的费用, $n_1(t)$ 是第 t 年建立的发电站数量; p_2 是平均每个充电站的费用, $n_2(t)$ 是第 t 年建立的充电站数量; z_i 是第 i 种类型电动汽车的数量, s_i 是第 i 种类型电动汽车平均每辆车需要投资的费用. $cap(t)$ 是第 t 年总共需要的资金.

模型所需参数见表 3-5, 得到的预测结果见图 3-10.

表 3-5　模型 (3.16) 参数表

国家	平均每个发电站的费用	平均每个充电站的费用	平均每辆 EV/HEV 所需要投资	平均人工年工资
法国	0.167×10^8 欧元	1.67×10^5 欧元	9000 欧元	24770 欧元
美国	1.5×10^8 美元	1.0×10^6 美元	10000 美元	37610 美元
中国	1.0×10^9 元	1.0×10^7 元	80000 元	11000 元

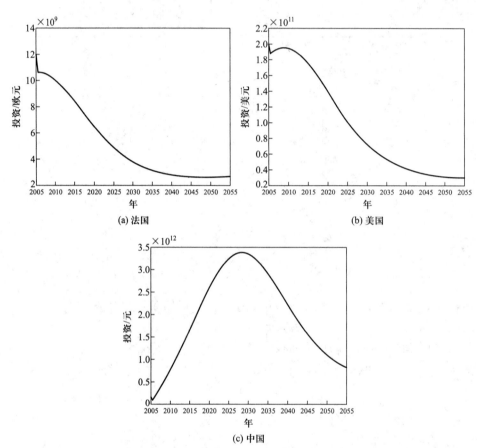

图 3-10　法国、美国和中国电动汽车工业所需投资

论文在考虑投入资金的同时, 也对产出建立了模型, 投资的产出也采用资金来度量. 电动汽车行业的产出主要由两部分构成: 一部分是发电站和充电站提供的就业机会带来的经济产出; 第二部分是 EV/HEV 节约的费用, 前面已经计算出法国、美国和中国使用电动汽车平均每辆车节约的费用分别为 1165 美元、510 美元和 689 美元. 产出模型见 (3.17) 式:

$$Output(t) = w \cdot H(t) + \sum_i \Delta p_i \cdot z_i(t) \tag{3.17}$$

其中 w 是平均工资, $H(t)$ 是总的就业岗位, z_i 是第 i 种类型电动汽车的数量, Δp_i 是第 i 种类型电动汽车平均每辆车节约的费用.

法国、美国和中国的平均人工年工资取 24770 欧元、37610 美元和 11000 元, 根据该模型计算出的电动汽车工业每年的经济产出见图 3-11. 从投入产出来看, 每个国家的产出都远大于其投入, 因此发展电动汽车工业经济效益非常可观.

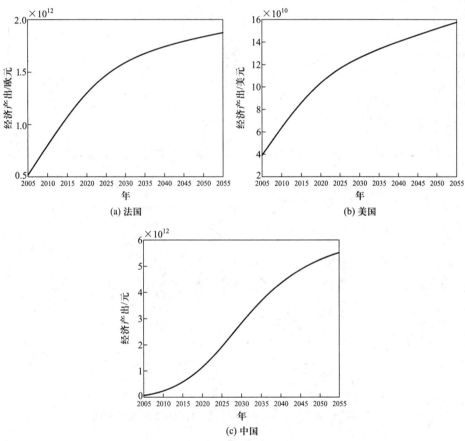

图 3-11 法国、美国和中国电动汽车工业的经济产出

(6) 使用电动汽车后污染的减少量

论文讨论了 CV 最大的问题是对空气污染严重, 排放的 CO_2 会改变大气和太阳的交互作用, 影响到天气、海洋和生物等. 由于氮是汽车排放的主要成分, 它会对人体的健康造成影响, 文章选取氮排放量作为指标, 对 CV 和 EV 进行分

析比较.

在燃油方式情况下, 排放的氮与 CO_2 的比例是固定的, 根据文献取 0.685. 因此根据前面计算的法国、美国和中国未来 50 年 CO_2 的排放量, 可以计算出这三个国家氮氧化物的排放量变化曲线, 如图 3–12 所示. 从结果来看, 三个国家采用电动汽车方案, 氮氧化物的排放到一定年限后都下降, 其中美国和法国更明显. 可以看到电动汽车的发展有利于减少对大气的污染.

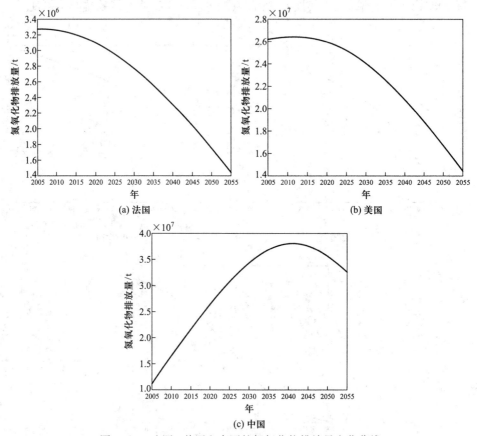

(a) 法国   (b) 美国

(c) 中国

图 3–12　法国、美国和中国的氮氧化物排放量变化曲线

3.2.2　模型二: 静态模型和动态模型

来自浙江大学获 INFORMS 奖的论文集中考虑了以下三个方面方面的问题:

(1) 税收如何影响传统汽车和电动汽车? 电动汽车如何替代传统汽车? 在现有能源产生条件下, 电动汽车发展的比例上限是多少?

论文建立了一个静态供应模型来回答这些问题. 在这个模型中, 根据需求供应关系中税率的影响, 分析传统汽车的供应随着税率的变化情况; 利用供应价格的影响, 估计石油在多长时间将会被插电式电动汽车 (PHEV) 消耗完; 最后给出了在现有能源产生条件下, 电动汽车发展的比例上限.

(2) 传统汽车和电动汽车有什么样的数量关系? 包括政府控制和公司决策在内的什么样的因素会影响这二者的数量关系? 论文提出了一个竞争型常微分方程模型来解决这个问题. 论文首先建立的是线性微分方程来近似, 然后利用实际数据进行拟合, 得到方程各参数, 并在前面的供应模型辅助下, 给出各参数的实际意义以及传统汽车和电动汽车的交互作用.

(3) 电动汽车将如何影响环境? 是否电动汽车的开发会节省化石燃料? 不同类型的电动汽车对环境、能源和社会带来的利益相同吗? 论文建立了以环境污染代价最小为目标函数的线性规划模型来解决这些问题. 论文提出电动汽车的广泛应用会对环境产生影响, 分析了三种不同类型的电动汽车的优缺点, 最后建议政府应该支持和发展电动汽车[9,10].

1. 静态供应模型

设 S 表示每天石油的供应量, 单位为千桶 (TB); D 表示每年汽车行驶的总里程, 单位为十亿千米 (BK); P 为每桶油的美元价格 ($/bbi); S_{max} 和 S_{min} 分别表示每天石油供应的最大数量和最小数量; D_{max} 和 D_{min} 分别表示每年汽车需要行驶的最大里程和最小里程, 单位为千米; C 表示每 100 千米消耗的石油量, 单位为升 (L/HK); R 表示税率, V 表示每桶油的体积 (L), μ_1 表示运输中的消耗比例, μ_2 表示石油转化为汽油的利用率.

建立静态供应模型如下:

$$\begin{cases} \dfrac{\mathrm{d}S}{\mathrm{d}P} = k_1\left(1 - \dfrac{S}{S_{max}}\right) \\ \dfrac{\mathrm{d}D}{\mathrm{d}P} = k_2\left(1 - \dfrac{D}{D_{max}}\right) \\ D = k_3(S - S_{min}) \end{cases} \tag{3.18}$$

这里 k_1, k_2 是待定系数, 由它们来确定 S 和 D 的关系, $k_3 = \mu_1\mu_2 V/C$ 表示每桶油使汽车行驶的距离. 另外 $S_{min} = S_{total}(1 - \mu_1)$.

该微分方程的解为

$$\begin{cases} S = S_{\max} - C_1 \cdot e^{-k_1 P/S_{\max}} \\ D = D_{\max} - C_2 \cdot e^{-k_2 P/D_{\max}} \\ D = k_3(S - S_{\min}) \end{cases} \tag{3.19}$$

给出的参数如下:

- 传统燃油汽车 $C = 10$ (L/HK)

- 混合电动汽车 $C = 5$ (L/HK), $V = 159$L, $\mu_1 = 72\%$, $\mu_2 = 20\%$

- 传统燃油汽车 $k_3 = 0.0458$ (BK/TB)

- 混合电动汽车 $k_3 = 0.0916$ (BK/TB)

- $S_{\text{total}} = 84000$ (TB) (2009 年数据), $S_{\min} = 23520$ (TB)

利用历史数据计算得到:

$$S_{\max} = 90300 \text{ (TB)}$$

$$D_{\min} = 636.27 \text{ (BK)}$$

$$k_1 = 2339$$

$$k_2 = 13.23$$

$$C_1 = 20859$$

$$C_2 = -3988$$

将这些数据代入方程, 计算得到方程平衡点时的结果, 见表 3–6.

表 3–6　方程平衡点时的结果

汽车类型	每桶油的价格/美元	每天石油供应量/千桶	每年行驶总里程/十亿千米
插电式电动汽车	17.33	76983.49	3417.51
传统汽车	55.27	85315.55	1899.53

论文同时给出了需求供应及价格曲面, 见图 3–13. 其中线条 1 和线条 2 代表从消费者角度看待的石油价格和需求的关系, 线条 3 代表从供应者角度看待的石油价格和需求的关系.

论文还研究了混合电动汽车 (HEV) 和税收之间的关系. 政府利用税收调节

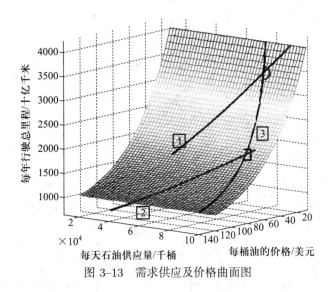

图 3-13 需求供应及价格曲面图

需求和供应之间的平衡. 论文得到混合电动汽车和传统燃油汽车的税收关系为

$$R_{\text{HEV}} = P_{\text{HEV}} \times \frac{R}{P} = 13.27$$

$$R_{\text{CV}} = P_{\text{CV}} \times \frac{R}{P} = 43.28$$

税收比率为 $\alpha = \dfrac{R_{\text{HEV}} \times S_{\text{HEV}}}{R_{\text{CV}} \times S_{\text{CV}}} \times 100\% = 28.25\%$.

论文同时进行了敏感性分析, 得到油价不同提升情况下的需求变化见表 3-7.

表 **3-7**   油价提升对需求变化的影响

油价提升百分比 ΔP	22%	16%	12%	8%
需求变化 ΔD	-14%	-12%	-8.5%	-5.3%

论文还根据历史数据研究了需求在未来的趋势, 结果见图 3-14. 论文结果是, 完全使用传统燃油汽车, 将在 2020 年消耗完现有的石油资源; 完全使用电动汽车, 则将在 2029 年消耗完现有的石油资源.

随着电动汽车的广泛使用, 电能的消耗也会增加. 因此, 电动汽车的增长会受电能的制约, 有必要对电能进行边际分析. 定义电能的利用率如下:

$$\alpha = \frac{\text{生产的总电能}}{\sum_i \text{第 } i \text{ 种电能生产的装机能力 } \times \text{ 工作时间}}$$

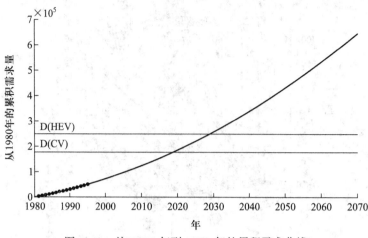

图 3-14　从 1980 年到 2070 年的累积需求曲线

假定除热能之外的发电方式 (如水能、风能、核能等) 每天 24 小时生产电能. 图 3-15 给出了不同热能贡献情况下电能利用率曲线.

图 3-15　不同热能贡献情况下电能利用率曲线

为了获得电能的剩余利用, 定义了电能的剩余率为 $\lambda = 1 - \alpha$. 论文给出了不同热能情形下 2002—2006 年 λ 平均值, 见表 3-8.

表 3-8　不同热能贡献情形下 λ 值

热能贡献情形	没有热能	每天工作 16 h	每天工作 20 h
2002—2006 年 λ 平均值	12%	28%	42%

图 3-16 是每天电能的需求曲线. 资料来自劳伦斯伯克利国家实验室, 参见

http://www.mpoweruk.com/electricity_demand.htm.

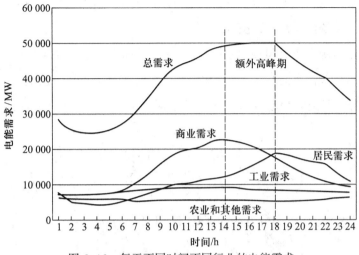

图 3-16 每天不同时间不同行业的电能需求

在不考虑热能的情形下, 当剩余电能位于上边界时, 论文计算出电动汽车占 38.5%, 传统汽车占 61.5%, 对应的汽油价及石油供应量及行驶总里程, 见表 3-9.

表 3-9 剩余电能位于上边界时的参数

汽车类型比例	汽油价格 (bbI)	石油供应量 (TB)	行驶总里程 (BK)
电动汽车占 38.5% 传统汽车占 61.5%	36	82000	2520

2. 竞争型常微分方程模型[11−13]

设 x_1 表示电动汽车总量, x_2 表示传统汽车总量, a_i, b_i 表示第 i 个影响参数 $(i = 1, 2)$. 为了研究电动汽车与供统汽车数量之间的关系, 建立了如下常微分方程组:

$$\begin{cases} \dfrac{\mathrm{d}x_1}{\mathrm{d}t} = a_0 + a_1 x_1 + a_2 x_2 \\ \dfrac{\mathrm{d}x_2}{\mathrm{d}t} = b_0 + b_1 x_1 + b_2 x_2 \end{cases} \tag{3.20}$$

这里 $\dfrac{\mathrm{d}x_1}{\mathrm{d}t}$ 是电动汽车总量 x_1 的变化率, $\dfrac{\mathrm{d}x_2}{\mathrm{d}t}$ 是传统汽车总量 x_2 的变化率.

参数 a_0, a_1, a_2 及 b_0, b_1, b_2 的意义如下:

a_0 表示电动汽车总量的变化率;

a_1 表示电动汽车总量 x_1 的变化率与电动汽车总量的相关系数;

a_2 表示电动汽车总量 x_1 的变化率与传统汽车总量的相关系数;

b_0 表示传统汽车总量的变化率;

b_1 表示传统汽车总量 x_2 的变化率与电动汽车总量的相关系数;

b_2 表示传统汽车总量 x_2 的变化率与传统汽车总量的相关系数.

该微分方程组的稳定解为

$$\begin{cases} x_{1\infty} = \dfrac{a_2 b_0 - a_0 b_2}{a_1 b_2 - a_2 b_1} \\ x_{2\infty} = \dfrac{a_0 b_1 - a_1 b_0}{a_1 b_2 - a_2 b_1} \end{cases} \tag{3.21}$$

根据微分方程理论, 该微分方程的解具有如下形式:

$$\begin{cases} x_1 = m_0 + m_1 L^t \\ x_2 = n_0 + n_1 L^t \end{cases} \tag{3.22}$$

通过资料查询到美国高速公路管理处的数据, 见表 3–10.

表 3–10   美国近年电动汽车和传统汽车数据

年	1999	2000	2001	2002	2003	2004	2005	2006	2007	2008	2009
电动汽车总量 ($\times 10^6$)	0	0.009	0.030	0.065	0.113	0.197	0.407	0.660	1.012	1.324	1.615
传统汽车总量 ($\times 10^8$)	2.205	2.258	2.353	2.346	2.368	2.430	2.474	2.508	2.544	2.559	2.460

根据该数据, 拟合得到解为

$$\begin{cases} x_1 = 1.272 \times 10^6 - 1.673 \times 10^6 \times 0.8294^t \\ x_2 = 2.592 \times 10^8 - 3.921 \times 10^7 \times 0.8294^t \end{cases} \tag{3.23}$$

因此可以得到

$$a_0 = 1.910 \times 10^7, a_1 = 1.741, a_2 = -0.0822$$

$$b_0 = 1.103 \times 10^9, b_1 = 1.347 \times 10^2, b_2 = -4.915$$

参数分析如下:

• $a_1 > 0, b_1 > 0$, 表示电动汽车的使用会促进电动汽车和传统汽车的增长. 根据前面的静态供求模型, 电动汽车的增长会促进油价降低, 使电动汽车和传统汽车的花费都降低.

- $a_2 < 0, b_2 < 0$, 表示传统汽车的使用会制约汽车市场的需求.

传统汽车数量的拟合曲线见图 3-17. 图 3-18 给出了电动汽车的拟合曲线, 传统汽车和电动汽车的增长都有极限值, 并不会增长到无限大.

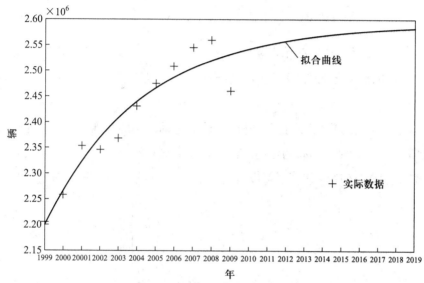

图 3-17　传统汽车数量的拟合曲线

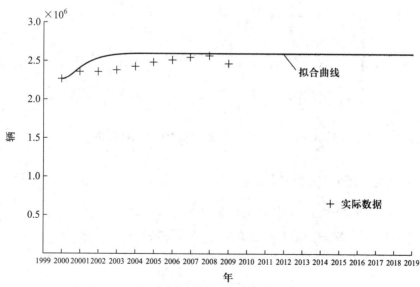

图 3-18　电动汽车数量的拟合曲线

对参数 a_0, b_0 讨论如下:

a_0, b_0 为常数, 代表两种汽车的竞争能力, 该常数由技术水平、基础设施、政策等因素决定. 由于传统汽车的技术和基础设施是固定的, 因此 b_0 变化不大.

对于 a_0, 假定其表达形式为

$$a_0 = k \cdot W \cdot S \cdot E_{\max}$$

这里 k 是待定系数, W 表示电动汽车基础设施的占有率, S 表示汽车持续行驶公里数, 由电池和充电能力决定, $E_{\max}$ 表示最大电能生产能力, 由电动汽车的发动机决定.

论文对 a_0 的敏感性进行了分析. 当改变电动汽车的基础设计、制造技术或政策等, 可以达到改变 a_0 的作用. 论文在图 3–19 中给出了不同 a_0 情况下电动汽车数量的变化情况. 从图形可以看出, 当 $a_0' = 1.5a_0$ 时, 电动汽车数量最大.

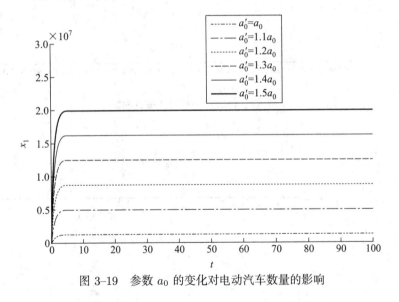

图 3–19 参数 a_0 的变化对电动汽车数量的影响

3. 优化能源分布的线性规划模型

不同能源的产生方式和用途关系如图 3–20 所示.

根据图 3.20 所示的能源流动关系, 建立如下线性优化模型:

$$P_{\mathrm{ALL}} = \sum_{i=1}^{5} \sum_{j=1}^{4} x_{ij} P_{ij} \tag{3.24}$$

$$s.t. \begin{cases} x_{11} + x_{21} + x_{41} + \eta_1 \eta_2 x_c = B_1 \\ x_{12} + x_{22} + x_{32} + x_{42} = B_2 \\ x_{13} + x_{23} + x_{33} + x_{43} = B_3 \\ x_{14} + x_{24} + x_{44} + x_{54} - x_c = B_4 \\ x_{ij} \geqslant 0 \end{cases} \tag{3.25}$$

目标函数 $P_{ALL} = \sum\limits_{i=1}^{5} \sum\limits_{j=1}^{4} x_{ij} \cdot P_{ij}$ 表示消耗能源产生的环境污染代价.

为求解该模型, 论文列出了一些限制条件, 见表 3-11.

表 3-11 部分限制条件

序号	约束	数学表达式	解释
1	可更新能源总量的约束	$\sum\limits_{j=1}^{4} x_{4j} \leqslant 7.7$	受太阳能、风能及水能总量的限制
2	核能总量的约束	$x_{54} \leqslant 8.3$	受核能发电装机容量限制
3	天然气总量的约束	$\sum\limits_{j=1}^{4} x_{2j} \leqslant 23.4$	受天然气开采与储量限制
4	石油总量的约束	$\sum\limits_{j=1}^{4} x_{1j} \leqslant 38$	受前面需求供应模型获得的S-P曲线的限制
5	运输中总能源的限制	$x_c \leqslant 10$	受交通运输所需能源到电能的转移的限制
6	石油到交通的能源转移约束	$x_{11} \leqslant 12.708$	假定电动汽车能源的一半来自石油
7	煤到电力转移的约束	$x_{34} > 15.65$	由实际计算煤发电的装机容量得到
8	可更新能源到电力转移的约束	$x_{44} \leqslant 7$	由可更新能源的装机容量计算得到

根据该模型及参数的限制条件, 得到不同能源产生的能量分布, 见图 3-21.

论文同时给出了不同 η 下环境污染代价 P_{ALL} 的曲线图, 如图 3-22 所示. 从图中可以看出, $\eta = 0.85$ 是关键点. 当 $\eta > 0.85$, 环境污染代价 P_{ALL} 是下降的. 我们同时注意到, $\left|\dfrac{\mathrm{d}P_{ALL}}{\mathrm{d}\eta}\right|$ 是下降的, 这说明通过提高 η 来改善环境污染的作用逐渐减小.

论文还进行了不同类型电动汽车的敏感性分析.

论文将市场上的电动汽车分为三种类型: 电池电动汽车 (Battery Electric Vehicles, BEV)、混合电动汽车 (Hybrid Electric Vehicles, HEV) 和 插电式电动汽车 (Plug-in Electric Vehicles, PHEV). 由于这三种电动汽车电力产生的原理是

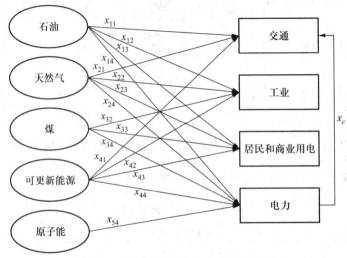

图 3–20　不同能源的产生方式和用途关系

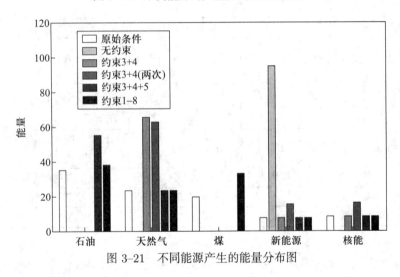

图 3–21　不同能源产生的能量分布图

不相同的, 在相同能量条件下, 环境代价也不相同, 另外它们消耗的化石燃料的比例也不同. 因此, 在前面建立的模型中, 针对不同电动汽车的特性增加不同的新约束, 然后对该线性规划问题重新求解. 关于不同电动汽车增加的约束, 见表 3–12.

利用前面的线性规划模型, 根据三种电动汽车的不同约束, 计算得到环境污染代价 P_{ALL} 与 η 的曲线, 见图 3–23.

从图 3–23 可以看出, BEV 的环境污染明显小于 PHEV. 当 η 很小时, HEV 的环境污染代价 P_{ALL} 小于 BEV 和 PHEV; 但当 η 增大时, HEV 对环境污染比

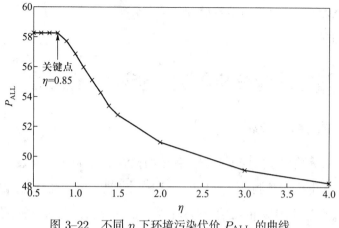

图 3–22 不同 η 下环境污染代价 P_{ALL} 的曲线

较显著. 为了使 BEV 和 PHEV 对环境的污染减轻, 需要让 η 大于关键值.

表 3–12 不同电动汽车增加的约束

类型	约束	解释
BEV	$x_{11} > 0$	该种汽车消耗的能量中取消对石油的限制
	$x_c \leqslant 15$	对电能边际的约束
PHEV	$x_{11} \geqslant \dfrac{1}{2} \times 25.416$	假定该种汽车能量的一半来自石油
	$x_c \leqslant 28$	对电能边际的约束
HEV	$x_{11} \geqslant 10$	根据丰田汽车和传统汽车每 100 km 消耗的燃料转化的电能
	$x_c = 0$	HEV 不能直接从电能中获得能量

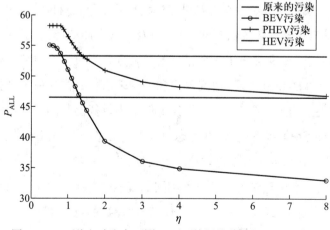

图 3–23 三种电动汽车不同 η 下环境污染代价 P_{ALL} 的曲线

最后论文还对模型进行了检验和优缺点分析, 并结合模型计算结果给政府提出了合理的建议.

3.3　问题的综合分析与进一步研究的问题

3.3.1　问题的综合分析

论文 1 首先建立了阻滞型微分方程模型预测未来 50 年汽车总量的变化, 以及采用比例分配模型预测未来 CV、EV 和 HEV 的变化. 建立优化模型确定政府控制 CV、EV 和 HEV 的比例, 使得环境、社会、商业和个体获得最大收益. 在考察对象时选择了三个典型国家: 亚洲的中国、欧洲的法国以及美洲的美国分别进行考察.

论文同时考察这三个国家 EV 和 HEV 电能的需要与供应, 不足的电能如何安排相应的发电站进行生产. 紧接着研究 EV 和 HEV 对未来环境、经济、社会和健康的影响, CV、EV 和 HEV 发展到一定规模后, CO_2 排放量的变化以及化石燃料的变化情况. 比较了使用电动汽车后费用的下降, 使用电动汽车提供的就业机会, 讨论了电动汽车工业的投资回报.

该论文总体的思路是比较正统地按照题目的要求逐步完成, 对未来电动汽车的发展, 国家的政策, 电动汽车发展后对环境、经济、健康等的影响进行了比较全面的考虑. 论文最大的优点是总体设计好, 思路清晰; 缺点是考虑的模型不够细, 比较粗糙, 也没有对模型进行敏感性分析.

论文 2 论文中建立了一个静态供应模型来研究税收对传统汽车和电动汽车的影响, 电动汽车替代传统汽车的过程, 以及在现有能源产生条件下, 电动汽车发展的比例上限. 论文提出了一个竞争型常微分方程模型来研究传统汽车和电动汽车有什么样的数量关系, 研究政府和公司采取什么样的决策来控制调整这二者的数量关系; 建立了以环境污染代价最小为目标函数的线性规划模型来研究电动汽车对环境影响和代价, 并考虑三种不同类型的电动汽车对环境、能源和社会带来的影响; 研究了开发电动汽车节省的化石燃料等.

该论文的最大优点是提出了三种不同的模型来分别研究电动汽车发展中的三个不同问题. 每个模型都考虑得十分仔细, 对参数的意义也进行了解释与讨论, 详细给出了数据的获得与计算过程, 同时都进行了深入的敏感性分析.

3.3.2 进一步研究的问题

该问题是一个十分开放性的问题, 不同的论文有不同的思路进行解答.

对汽车总量的预测, 有的论文直接根据大量历史数据采用多项式进行拟合; 有的采用自动元胞机的方法模拟未来电动汽车的发展. 对电动汽车能源的需求, 有的采用宏观经济模型, 建立微分方程组进行求解.

对传统汽车和电动汽车对未来的影响, 有的论文采用生命周期花费模型, 研究电动汽车和传统汽车未来的市场前景和经济收益. 在模型中考虑购买费用、维护费用和回扳收益. 利用收集到的数据对模型进行计算, 并比较分析电动汽车和传统汽车的能源消耗, 同时进行敏感性分析. 利用高斯谱模型研究电动汽车和传统汽车对空气中 CO_2、NO、CO 等气体含量的影响, 并对两种类型汽车不同比例情形下的结果进行比较分析. 对热能、风能、核能、太阳能等电能产生方式的比例的确定, 有的论文还采用了层次分析法来计算.

总的来说, 考虑电动汽车使用类型与数量的方案对环境、社会、商业和个人在未来的影响, 没有一个确定的标准, 可以有不同的思路来考虑. 只要采用了合适的模型, 做合理的假设, 并利用已有的历史数据, 就有可能对未来做出比较合理的计算和推断. 读者也可以自己设计一套思路来完成.

参考文献

[1] 2011 年美国大学生数学建模赛题 [EB/OL]. (2011–2–11) [2014–10–8]. http://www.comap.com/ undergraduate/ contests/mcm/contests/2011/problems/.

[2] Wallington T J, Kaiser E W, Farrell J T. Automotive fuels and internal combustion engines: a chemical perspective [J]. Chem Soc Rev, 2005 (35): 335–347.

[3] All-Electric Vehicles. The official US government source for fuel economy information [EB/OL] [2014–10–8]. http://www.fueleconomy.gov/feg/evtech.shtml.

[4] The Urban Electric Vehicle: Policy Options, Technology Trends, and Market Prospects: proceedings of an International Conference, Stockholm, May 25–27, 1992 [C]. Sweden.

[5] Scott M F. Summary of National and Regional Travel Rends [C]. Office of Highway Information Management, 1970–1995.

[6] Nor J K, Soltys J V. Universal Charging Station and Method for Charging Electrical Vehicle Batteries: United States Patent 5548200 [P]. 1996.

[7] Doucette R T, Mcculloch M D. Modeling the prospects of plug-in hybrid electric vehicles to reduce CO_2 emissions [J]. Applied energy, 2011, 88 (7): 2315–2323.

[8] Kathryn S. When Will Fossil Fuels Run Out? [EB/OL] [2017-9-12]. http://www.carboncounted.co.uk/when-will-fossil-fuels-run-out.html.

[9] US Energy Information Administration [C]. Annual Energy Review, 2010.

[10] Ding S Y. Calculations on the Cost of Electricity Generation [D]. Hangzhou: Zhejiang University, 2012.

[11] Tilman D. Competition and biodiversity in spatially structured habits [J]. Ecology, 1994, 75(1): 2–16.

[12] Giordano F R, Weir M D. A First Course in Mathematical Modeling [M]. 3rd ed. Bel Air, CA: Brooks Cole, 2002.

[13] Meerschaert M M. Mathematical Modeling [M]. 3rd ed. New York: Academic Press, 2007.

第 4 章 　一棵树的叶子

4.1 　问题的综述

4.1.1 　问题的提出

研究一棵树的树叶分类与叶重问题是 2012 年美国大学生数学建模竞赛的 A 题, 该题目如下:

一棵树的叶子

一棵树上的叶子有多重? 如何估计一棵树上叶子 (或者树的任意其他部分) 的重量? 如何将不同的叶子分类? 请建立数学模型对叶子进行描述和分类, 考虑并回答如下问题:

1. 为什么叶子会有各种不同的形状?

2. 是不是不同形状叶子之间通过尽量减少各自的阳光投影来获得最大的照射面积? 树叶的分布以及树干和树杈的体积影响叶子的形状吗?

3. 就轮廓来讲, 叶子形状 (一般特性) 是否与树的轮廓和分支结构有关?

4. 怎样估计一棵树上叶子的质量?

叶子的质量和树的尺寸特征 (包括和外形轮廓有关的高度、质量、体积) 有联系吗? 除了一页纸的结论, 请向科学杂志的编辑写一封信 (一页纸), 概述你的科学发现.

问题的原文如下:

The Leaves of a Tree

"How much do the leaves on a tree weigh?" How might one estimate the actual weight of the leaves (or for that matter any other parts of the tree)? How might one classify leaves? Build a mathematical model to describe and classify leaves. Consider and answer the following:

• Why do leaves have the various shapes that they have?

• Do the shapes "minimize" overlapping individual shadows that are cast, so as to maximize exposure? Does the distribution of leaves within the "volume" of the tree and its branches effect the shape?

• Speaking of profiles, is leaf shape (general characteristics) related to tree profile/branching structure?

• How would you estimate the leaf mass of a tree?

Is there a correlation between the leaf mass and the size characteristics of the tree (height, mass, volume defined by the profile)? In addition to your one page summary sheet prepare a one page letter to an editor of a scientific journal outlining your key findings.

4.1.2　问题的背景资料

　　叶子主要功能是光合作用、存储养分和水等, 叶子有很多不同的形状, 一直受到人们的关注, 人们很想知道为什么叶子会有这么多种精彩的形状? 这是上帝赐给大自然的礼物还是叶子在其进化史, 为了适应环境而做出的调整呢? 其次, 叶子还有一个神秘之处在于不同叶子的分类, 我们能否找到一个更可靠和科学的方法代替主观判断来分类不同的叶子? 最后, 一棵树上的叶子到底有多重? 我们建立数学模型的目的就是想要了解有趣多变的自然本质.

　　在形态测定学中, 植物形态可塑性机制一直以来是众多学者的研究热点, 尤其对叶子形态的研究深受广大研究者的青睐. 人们普遍认为形状的变化是由基因决定的[1], 或是受环境影响而导致结构优化的结果[2], 但是很少有人关注不同植物器官 (如树叶、分支结构) 之间的作用. Stern 等人[3] 基于叶子的不同形状进行分类 (如图 4-1), 例如扇形叶子 (银杏树)、掌状形叶子 (枫树)、心形叶子 (黄槿), 分类的主要标准就是叶子的尖端形状、底部形状和叶子边缘处的构造.

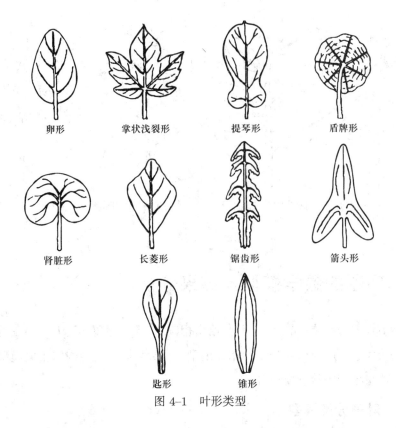

图 4-1　叶形类型

卵形　　掌状浅裂形　　提琴形　　盾牌形

肾脏形　　长菱形　　锯齿形　　箭头形

匙形　　锥形

叶子的脉络也是叶子类型的一个关键分类方式, 主要包含三种类型的叶脉组织: 平行线状、羽状形、掌状形, 如图 4-2 所示.

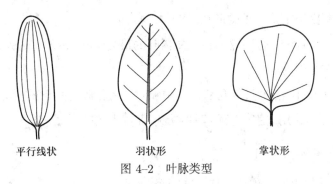

平行线状　　羽状形　　掌状形

图 4-2　叶脉类型

除了基于叶形和叶脉的分类方式, 还可依据叶子在茎上的排列方式 (即叶序) 来分类. 一般地, 叶序分为四种类型, 如图 4-3 所示.

目前, 大部分模型都是基于统计结果的分类[4], 至今还没有一个模型指出植物器官之间作用对叶子形状的影响.

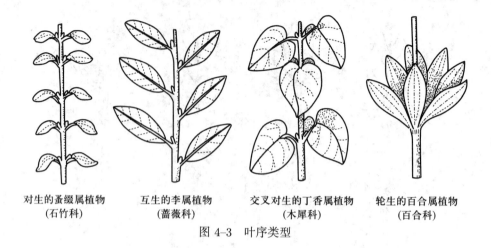

对生的蚤缀属植物	互生的李属植物	交叉对生的丁香属植物	轮生的百合属植物
(石竹科)	(蔷薇科)	(木犀科)	(百合科)

图 4-3 叶序类型

4.2 问题的数学模型与结果分析

本节将围绕赛题中的 4 个问题, 给出相应的叶形分类模型、叶形与重叠区域的相关模型、叶形与树叶分布的相关模型、叶形与树分支结构的相关模型以及树叶总质量模型等数学模型.

4.2.1 叶形分类模型

为了合理描述和分类树叶, 需要考虑如下导致树叶多样性的相关因素:

(1) 基因与遗传. 叶子的形状是树种长期受生态与进化的一种回应. 很大程度上, 树的基因决定了叶子的形状.

(2) 生态环境. 生态环境也会改变树叶的最终形状, 树的基因是环境自然选择的结果, 这是因为:

- 树叶需要阳光, 通过气孔从大气中吸收二氧化碳, 进行光合作用;
- 通过蒸腾作用, 使矿物营养和水从根部流入树叶.

1. 定义参数

主要考虑以下四个描述叶片形状的参数:

(1) 叶形指数 (Leaf-Index): 叶子长度与宽度之比, 用于描述叶子的宽窄之分.

(2) 树叶面积: 用长度与宽度来近似估计面积.

(3) 非锯齿状比 (NR):

$$NR = \frac{\sum_{i=1}^{N} D(Centroid, Cc_i)/N}{\sum_{j=1}^{M} D(Centroid, Cv_j)/M} \tag{4.1}$$

其中, $D(X, Y)$ 表示 X 和 Y 的距离, $Centroid$ 表示叶子的重心, Cc_i 表示叶子边缘凹面部分的点, Cv_j 表示叶子边缘凸面部分的点, N 表示 Cc_i 点的总数, M 表示 Cv_j 点的总数. NR 用来确定叶边缘处锯齿状程度 (如图 4-4(a) 所示): NR 越小, 锯齿状越锋利; $NR = 1$ 意味着叶子有光滑的边缘; 如果 $NR = 0$, 叶子就类似于枫树的叶子.

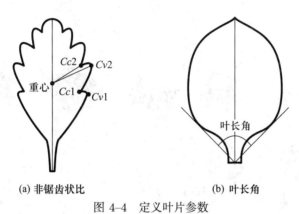

(a) 非锯齿状比   (b) 叶长角

图 4-4 定义叶片参数

(4) 叶长角 (LEA)

叶长角的定义如图 4-4(b) 所示.

2. 基于聚类分析的树叶分类

从文献 [5] 中的 55 张不同树叶图片筛选出 30 张典型的树叶, 计算上述参数. 再以上述参数为指标, 利用一般的聚类方法 (如 k 均值法、Ward 法等) 加以分类, 可将 30 个样本分成 4 类, 图 4-5 给出了各类对应的树叶形状.

3. 基于神经网络方法的补充分类

如果有新的树叶样本, 那么新的树叶将归属上述四类中的哪一类? 可以采用基于神经网络的补充分类方法. 为了验证这种补充分类方法, 随机挑选剩余树叶样本中的 8 个, 然后基于神经网络方法将这 8 个树叶合理划分到各个类别中去. 以反向传播神经网络 (Back Propagation Neural Network, BPNN) 为例, 反向

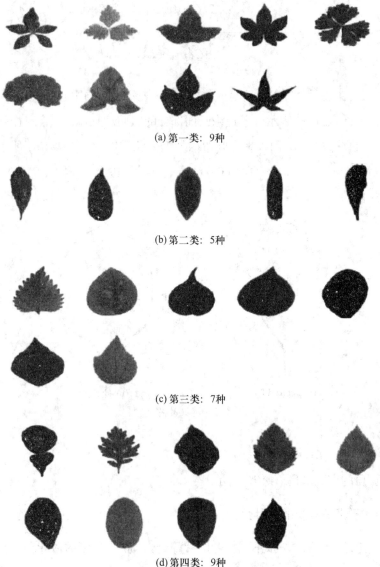

(a) 第一类: 9种

(b) 第二类: 5种

(c) 第三类: 7种

(d) 第四类: 9种

图 4-5　基于聚类分析的树叶分类结果

传播神经网络包含三层: 输入层、隐藏层和决策层; 对于每个需要分类的新树叶, 在输入层有 4 个神经元用来描述叶子形状, 每个神经元代表一个参数 (如叶形指数、树叶面积、非锯齿状比、叶长角等); 隐藏层中每个神经元对应一个问题. 用模型计算结果作为预测的目标值, 对新树叶进行分类.

　　最终的分类结果如图 4-6 所示, 其中矩形框里的图像即为通过 BPNN 神经网络方法新加入的树叶, 和类中其他叶子形状都基本相似, 验证了该方法的有效性.

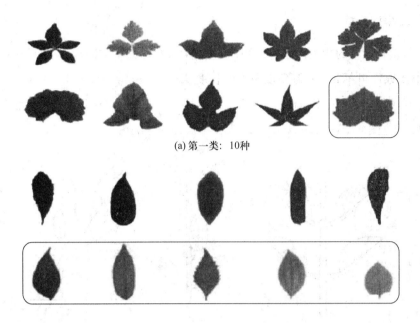

(a) 第一类: 10种

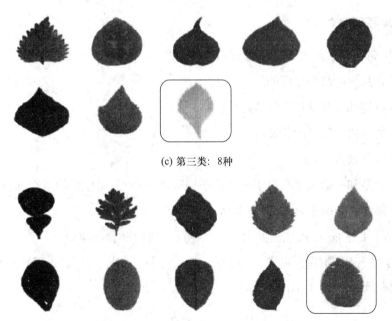

(b) 第二类: 10种

(c) 第三类: 8种

(d) 第四类: 10种

图 4-6   基于神经网络方法的新增树叶分类结果

4.2.2　叶形与重叠区域的相关模型

1. 模型分析

与重叠区域的相关因素有: 太阳高度角、水平面太阳方向角、叶子的狭窄度 (叶形指数)、叶柄长、叶倾角以及节间长度.

叶序描述了叶子以何种方式分布在树枝上, 下面是三种具有代表性的叶序类型, 详见图 4–7 (来源:http://en.wikipedia.org/wiki/Phyllotaxy).

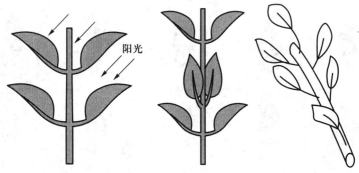

图 4–7　二分型叶序、交叉型叶序和螺旋型叶序

2. 模型建立

为了简化问题, 提出如下假设:

- 每片树叶都是相同的;
- 将树叶形状视作平行四边形;
- 忽略树叶的厚度和旋度;
- 叶茎垂直地面;
- 叶茎和叶柄尺寸相对于叶片面积小得多, 可以忽略它们的重叠部分;
- 阳光是光的主要来源, 平行入射.

基于上述假设, 可建立如图 4–8 所示的三维树叶分布模型.

考虑茎上仅有两层叶子, 上层有 2 片, 下层有 2 片. 为了给出投影区域的面积, 用有效面积比 (EAR) 来定义:

$$EAR = \frac{S_{\mathrm{U}}}{S_{\mathrm{total}}} \tag{4.2}$$

其中 S_{U} 表示未被遮盖的总叶面积, 即有效面积, 而 S_{total} 表示叶片的总面积.

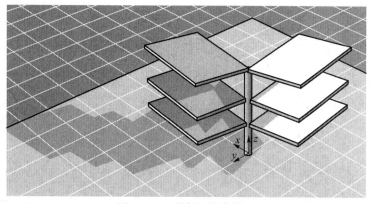

图 4–8 三维树叶分布模型

下面计算下层两片叶子上的阴影面积. 主要考虑两种类型的叶子, 即水平叶片 (叶子垂直于树枝) 与倾斜叶片 (叶子与树枝之间有倾斜角), 如图 4–9 所示.

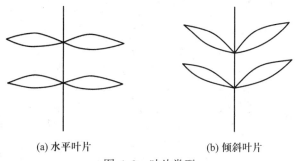

(a) 水平叶片   (b) 倾斜叶片

图 4–9 叶片类型

(1) 水平叶片

若叶倾角 (LI Angle) 为 0°, 太阳高度角 (SA Angle) 为 90°, 此时光线垂直入射, 下层叶片被完全覆盖, 故 $EAR = 0.5$.

若太阳高度角发生变化, 则树叶阴影的重叠区域将会发生变化. 如太阳高度角为 45°, 方向角 (SD Angle) 为 0°, 叶形指数为 1 (正方形), 边长为 0.4, 重叠区域 (OL) 如图 4–10 所示.

为了计算重叠区域 OL, 首先应该计算位移向量. 易知, 水平面点 (X, Y, Z) 经过阳光照射的投影点 (X', Y', Z') 可以按下面公式计算

$$
\begin{bmatrix} X' \\ Y' \\ Z' \end{bmatrix} = \begin{bmatrix} 1 & 0 & -\sin(SDAngle)\tan(SAAngle) \\ 0 & 1 & -\cos(SDAngle)\tan(SAAngle) \\ 0 & 0 & 0 \end{bmatrix} \begin{bmatrix} X \\ Y \\ Z \end{bmatrix} \tag{4.3}
$$

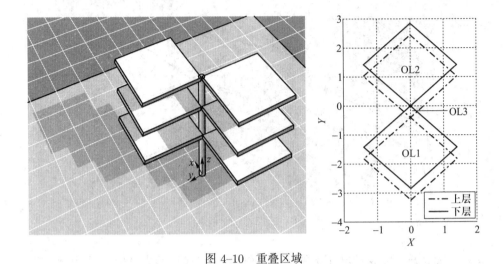

图 4–10   重叠区域

据此可得描述投影位移矢量的轨迹:

$$X = -\sin(SDAngle)Interlength$$
$$Y = -\cos(SDAngle)Interlength \tag{4.4}$$

图 4–11 从左到右依次表示当方向角为 45°、90° 以及 135° 时的位移矢量图.

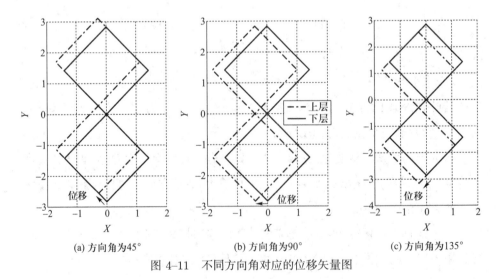

(a) 方向角为45°   (b) 方向角为90°   (c) 方向角为135°

图 4–11   不同方向角对应的位移矢量图

接下来以图 4–11(b) 为例 (放大后的位移矢量图见图 4–12), 说明如何计算重叠区域.

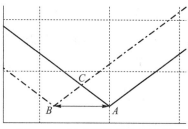

图 4-12 放大后的位移矢量图

在 $\triangle ABC$ 中, AB 为位移矢量的长度, $\angle CAB$ 用方向角计算求得, 树叶的顶角由叶形指数决定, 最终可以确定 BC 长度, 侧边长也就确定了.

以下直接给出重叠面积 OL 的最终表达式:

① 当 $0 < \theta < \theta_0$ 时

$$S_{OL} = 2\sin(2\theta_0)\left(\sqrt{\frac{m^2+1}{2m}} - \frac{\sin(\theta_0-\theta)}{\sin(2\theta_0)}\Delta h\tan\gamma\right)$$
$$\left(\sqrt{\frac{m^2+1}{2m}} - \frac{\sin(\theta_0+\theta)}{\sin(2\theta_0)}\Delta h\tan\gamma\right)$$
$$+ \frac{\sin(\theta-\theta_0)\sin(\theta+\theta_0)}{\sin(2\theta_0)}(\Delta h\tan\gamma)^2$$

② 当 $\theta_0 < \theta < 180° - \theta_0$ 时

$$S_{OL} = 2\sin(2\theta_0)\left(\sqrt{\frac{m^2+1}{2m}} - \frac{\sin(\theta-\theta_0)}{\sin(2\theta_0)}\Delta h\tan\gamma\right)$$
$$\left(\sqrt{\frac{m^2+1}{2m}} - \frac{\sin(\theta_0+\theta)}{\sin(2\theta_0)}\Delta h\tan\gamma\right)$$

③ 当 $180° - \theta_0 < \theta < 180°$ 时

$$S_{OL} = 2\sin(2\theta_0)\left(\sqrt{\frac{m^2+1}{2m}} - \frac{\sin(\theta+\theta_0-180°)}{\sin(2\theta_0)}\Delta h\tan\gamma\right)$$
$$\left(\sqrt{\frac{m^2+1}{2m}} - \frac{\sin(\theta-\theta_0+180°)}{\sin(2\theta_0)}\Delta h\tan\gamma\right)$$
$$+ \frac{\sin(\theta+\theta_0-180°)\sin(\theta-\theta_0+180°)}{\sin(2\theta_0)}(\Delta h\tan\gamma)^2$$

其中, m 表示叶形指数, $\gamma = 90° - SAAngle$, $\Delta h = Interlength$, $\theta_0 = \arctan(1/m)$

表示 OL3 区域变小时的临界角度.

最终, 可得到以下结论: S_U 随着方向角的变化而变化, 其最大值在 0° 或 90° 取到; S_U 的最大值明显随着叶子狭窄率的不同而变化, 窄叶往往比宽叶更容易获得较大有效面积.

(2) 倾斜叶片

上述模型通过阴影重叠面积比来近似代替叶片的有效面积. 针对倾斜叶片情况, 修改相关参数, 可类似得到重叠面积和有效面积的相关结果. 在图 4–13 中, 以叶形指数为 8 (左图) 和 1 (右图) 为例, 对重叠面积加以说明.

在叶形指数分别为 1 和 8 的两种情况下, 30° 的方向角会导致 S_U 的最大值分别减少 2.6% 和 3.2%; 当方向角为 90° 时均达到最大值. 窄叶比宽叶更有效, 有效面积都随倾斜角增大而减少.

3. 结果分析

树叶的形状与重叠阴影区域有密切关系: 窄叶能更有效地获得最大化的照射面积; 无论有无叶柄或是否倾斜, 树叶都会正常生长; 宽叶要想获得最大照射面积, 就需要延伸自己的叶柄. 当然, 由于生态系统的复杂与多样, 树叶形状还会由很多其他因素影响, 在此不再展开说明.

4.2.3　叶形与树叶分布的相关模型

由于遗传, 一棵树上的叶子总是相互类似的, 故忽略树叶形状的其他参数, 只考虑叶尺度 (如叶面积) 一个参数, 它会随叶子的空间分布而变化. 影响同一树种的叶尺度的因素有很多, 如供水、阳光、风、昆虫、分支角、土壤施肥条件等, 很难全面考虑这些因素, 在此仅考虑与叶子位置分布密切相关的阳光照射分布这一因素.

为了建立叶面积和树叶分布之间的关系, 需要分析如下关系:

(1) 树冠层和光照强度的关系;

(2) 树叶的水平位置和光照强度之间的关系;

(3) 叶片面积和光照强度之间的关系.

为了获得相关模型, 采用如下假设:

(1) 树冠同一层的光照强度仅由树叶高度和到主干的距离决定;

(2) 考虑确定树叶大小的因素时, 假定水、CO_2 浓度等因素是充足的;

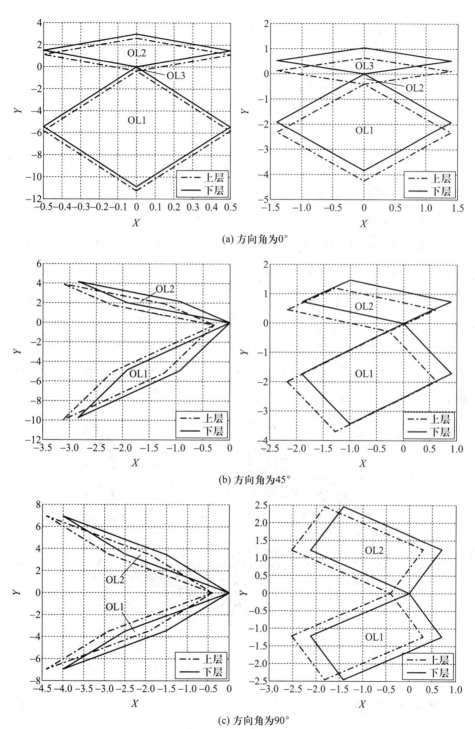

(a) 方向角为0°

(b) 方向角为45°

(c) 方向角为90°

图 4–13　重叠面积示意图

(3) 叶子的最大面积是由树种特性决定的, 假定其为常数.

1. 光分布模型

1995 年, Jackson 建立一个树冠的光强度分布模型[6]:

$$I = I_0 \exp(-kl) \tag{4.5}$$

其中 I_0 是树冠上的光强度; k 是光吸收系数, 由叶倾角、分支结构和叶密度决定; l 表示树冠顶部的垂直深度.

如果要讨论水平方向上光强度的差异, Jackson 模型就不再适用. 为此, 需将水平偏差项添加到 Jackson 模型方程中. 由于水平方向偏差速度比垂直方向慢, 光反射作用渗透大, 因此还需要添加一个线性项. 最终可得更为一般的光照强度模型:

$$I = I_0(1 + \alpha D) \exp(-kl) \tag{4.6}$$

这里的 α 是水平偏差系数, D 是叶子到树干的距离. 基于 Matlab, 可模拟上述光分布模型, 得到如图 4–14 所示的光分布图, 对比文献 [7] 中的结果, 曲线趋势基本一致.

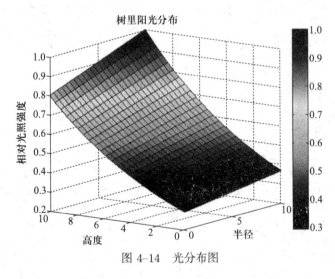

图 4–14 光分布图

2. 叶尺度模型

当光照加强, 叶片面积将增加, 这是因为光合作用的过程变得密集, 会产生更多的营养, 这将有助于树叶的生长. 然而, 即使光照强度不断加强, 树叶不能无限长大, 因为其生长会受到其他环境条件的限制 (如 CO_2 浓度) 和遗传因素的影响.

考虑 Pierre Verhulst 于 1838 年提出的 Logistic 模型来分析叶面积与光照强度的关系. 改进后的模型如下:

$$\frac{\mathrm{d}S}{\mathrm{d}I} = r_0 I \left(1 - \frac{S}{K}\right) \tag{4.7}$$

其中, S 是叶片面积, I 是光照强度, K 是叶片面积的上限, r_0 是指不受内部和外部因素限制下的叶尺度增加率.

为了展示叶尺度和给光量之间的关系, 将光分布模型 (4.6) 带入 (4.7), 得到

$$S(I) = \begin{cases} K\left[1 - \left(1 - \dfrac{S_0}{K}\right)\exp\left(-\dfrac{1}{2}r_0 I^2 + \dfrac{1}{2}r_0 I_0^2\right)\right], & I \geqslant I_0 \\ 0, & I < I_0 \end{cases} \tag{4.8}$$

该模型的数值解如图 4–15 所示.

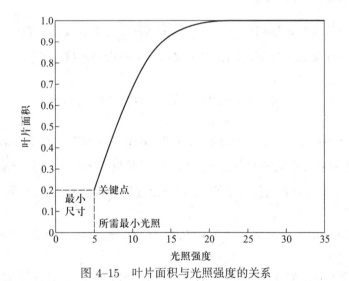

图 4–15 叶片面积与光照强度的关系

从图 4–15 可知, 树叶不能生存在弱光区; 当光照强度超过最小光照强度时, 叶面积近似呈线性增长, 直到叶面积达到最大, 之后光照再加强将不会对叶片面积产生影响, 叶片面积达到稳定. 同时, 由模型 (4.6) 和 (4.8) 可知, 树叶所在位置越高, 则树叶越大, 并且越远离树干的叶子会越大.

4.2.4　叶形与树分支结构的相关模型

树的分支结构分为两类: 直生型 (叶子沿着向上树枝不断生长)、斜向型 (叶子沿着横向树枝不断生长), 如图 4–16 所示.

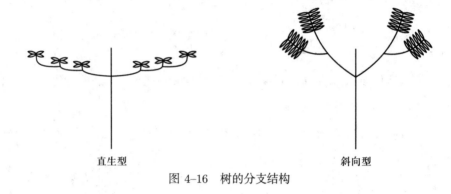

直生型　　　　　　　　　　　　　　　　　斜向型

图 4–16　树的分支结构

接下来就使用上述两个分支结构, 建立模型分析分支结构对叶形的影响.

1. Logistic 回归模型

辨别分枝模型是通过确定函数来判别到底是直生分支还是斜向分支, 可采用基于 Ripley 的 Logistic 回归模型来设计相应的辨别函数:

$$d_i = a_i + b_1 \log(PL) + b_2 \log(BL) + b_3 \log(BW) \tag{4.9}$$

其中, PL 表示叶柄长, BL 表示树叶的长度, BW 表示树叶的宽度, i 表示叶子的位置, a_i 表示由纬度决定的变量, b_1、b_2、b_3 是常数. 当 $d_i > 0$ 时, 分支是直生型的; 当 $d_i < 0$ 时, 分支是斜向型的. 估计出上述判别函数的系数, 得到如下模型:

$$d_i = -7.0 + 0.19latitude + 6.30 \log(PL) - 6.80 \log(BL) + 6.80 \log(BW) \tag{4.10}$$

该模型验证了叶子形状 (叶片长、叶片宽、叶柄长) 与树枝的结构有很大关系, 可以用于判定树枝结构的模式.

2. 叶子形状与树枝结构之间的关系

叶片长和叶柄长是叶形的两个重要指标, 图 4–17 展示了不同树枝结构叶片长和叶柄长的差异.

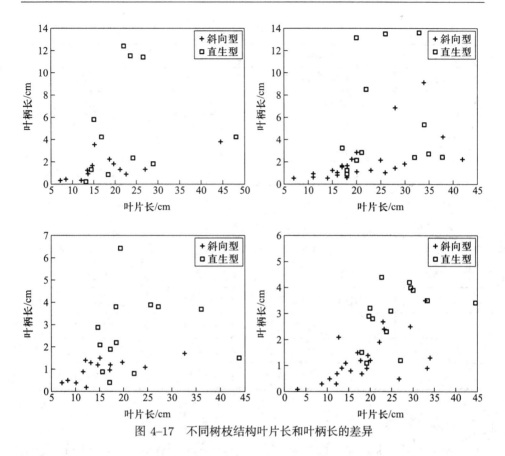

图 4–17　不同树枝结构叶片长和叶柄长的差异

描述树叶的主要参数包括: 叶长、叶柄长、叶形指数、单叶或复叶. 对于前三个参数, 可采用 t 检验确定参数与树枝结构模式之间的关系, 而线性拟合曲线则很好地验证了叶柄长和叶形指数之间的关系.

(1) 叶柄长

在表 4–1 中, 用 P 值来判定假设检验的结果: 如果 P 值很小, 表明假设情况发生的概率很小; P 值越小, 表明结果越显著. 可以看出, 直生型树枝和斜向型树枝在叶柄长度上的存在差异: 直生型树枝上的叶柄长度明显比斜向型树枝上的叶柄长度要长得多.

(2) 叶片长度

表 4–2 中 P 值验证了不同的分枝结构在叶片长度上确实存在差异: 直生型树枝上叶片长度明显比斜向型树枝上叶片长度要长, 但跟叶柄长度上的差异相比不是很明显.

表 4-1 叶 柄 长 度

区域	物种的平均对数 (叶柄长度/cm)		
	斜向型树枝	直生型树枝	P 值
1	0.16±0.08	0.58±0.04	$6.644×10^{-16}$
2	0.23±0.03	0.47±0.03	$2.836×10^{-8}$
3	-0.16±0.02	0.32±0.04	$5.596×10^{-5}$
4	-0.04±0.01	0.24±0.02	$4.106×10^{-9}$

表 4-2 叶 片 长 度

区域	物种的平均对数 (叶片长度/cm)		
	斜向型树枝	直生型树枝	P 值
1	1.29±0.04	1.39±0.02	$3.621×10^{-4}$
2	1.21±0.03	1.33±0.03	$1.545×10^{-3}$
3	1.21±0.02	1.31±0.04	$4.322×10^{-2}$
4	1.23±0.01	1.30±0.02	$3.056×10^{-3}$

(3) 叶形指数

表 4-3 中 P 值验证了两种分支结构上叶子的叶形指数明显存在差异: 直生型树枝上叶子明显比斜向型树枝上叶子的叶形指数要小, 这意味着直生型树枝上的叶子相对要大一些.

表 4-3 叶 形 指 数

区域	物种的平均对数 (叶形指数)		
	斜向型树枝	直生型树枝	P 值
1	2.39±0.15	1.87±0.09	$6.261×10^{-2}$
2	3.43±0.28	2.42±0.11	$3.243×10^{-4}$
3	3.56±0.14	2.21±0.06	$1.275×10^{-8}$
4	2.64±0.06	1.68±0.03	$4.136×10^{-6}$

同时, 针对直生型树枝的长叶柄这种情况, 发现叶柄和叶形指数之间满足如图 4-18 所示的线性关系, $R^2 = 0.86$ 验证了线性拟合的正确性以及叶柄与叶形指数的正相关性.

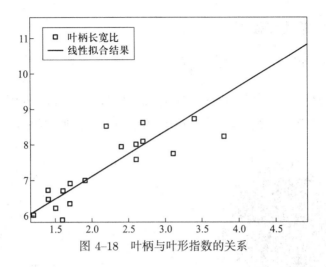

图 4–18   叶柄与叶形指数的关系

(4) 单叶和复叶

通过数据分析了单叶或复叶与分支结构之间的关系, 所得结果如图 4–19 所示. 其中, SA、PA、CR、NQ 代表四个地区. 由图 4–19 可知, 对于斜向型分支结构, 单叶所占比例超过了 70%, 但是对于直生型, 单叶和复叶所占的比例差别不是太大.

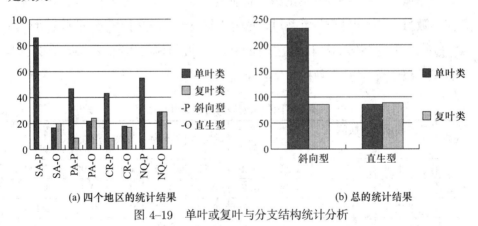

(a) 四个地区的统计结果   (b) 总的统计结果

图 4–19   单叶或复叶与分支结构统计分析

3. 结果分析

基于上述模型所得结果, 可知直生型树枝和斜向型树枝的叶子形状的主要区别是, 直生的树木有更宽大的叶子和更长的叶柄, 这可以用阴影重叠和树叶的光合作用效率来解释. 对于斜向的树叶, 重叠区域的影响小得多, 所以叶柄不会很长, 而直生的树叶需要更长的叶柄以获得到充足的阳光.

4.2.5 树叶总质量模型

1. 基本模型

可用六种几何体近似代替树冠形状, 这六种几何体包括圆柱体、椭球体、抛物体、圆锥体、球体和角锥体. 以圆锥体为例, 树冠近似模型如图 4-20 所示.

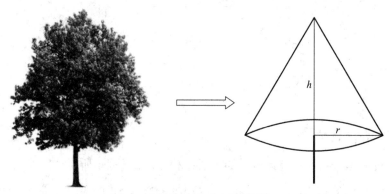

图 4-20   树冠的近似圆锥体模型

有了体积模型, 则一棵树的树叶总质量 (LM) 即为树冠体积 (V) 乘上树叶质量常数 (LMC). 树叶质量常数可以通过文献查到, 如橡树树叶质量常数近似取 280 g/cm³. 通过树冠高度和树冠半径便可计算几何体的体积. 表 4-4 给出了不同体积模型计算出的 14 种树叶总质量.

表 4-4   不同体积模型对应的树叶总质量

树种	树冠高度 /m	树冠半径 /m	圆柱体	垂直椭球	抛物体	圆锥体	球体	角锥体	树叶总质量 /g
1	4.4	1.1	1.34	0.89	0.77	0.45	1.96	1.92	3500
2	4.1	2.0	1.48	0.99	0.85	0.49	3.95	0.64	9750
3	3.2	1.1	1.54	1.03	0.89	0.51	2.26	2.21	2210
4	6.3	1.4	2.08	1.38	1.19	0.69	3.88	1.84	5230
5	4.5	1.8	1.89	1.26	1.09	0.63	4.53	1.01	6790
6	4.5	1.2	2.92	1.25	1.68	0.97	4.68	3.52	1950
7	5.6	1.1	1.35	0.99	0.78	0.45	1.98	1.93	4420
8	5.0	1.5	1.84	1.23	1.06	0.61	3.68	1.42	5380
9	7.5	3.6	2.92	1.95	1.68	0.97	14.01	0.39	29300
10	2.8	1.1	1.63	1.09	0.94	0.54	2.39	2.33	1830
11	4.5	1.5	1.70	1.21	0.98	0.57	3.41	1.31	5230

续表

树种	树冠高度/m	树冠半径/m	圆柱体	垂直椭球	抛物体	圆锥体	球体	角锥体	树叶总质量 /g
12	4.6	1.2	2.65	1.37	1.32	0.88	4.24	3.19	2200
13	5.5	1.8	1.73	1.26	1.00	0.58	4.16	0.93	9040
14	2.0	2.1	1.31	0.87	0.75	0.44	3.66	0.51	5930

表 4-5 给出了用六种几何体代替树冠后得到的树叶平均质量常数.

表 4-5 树叶平均质量常数

	圆柱体	椭球体	抛物体	圆锥体	球体	角锥体
树叶平均质量常数	1.80	1.18	1.09	0.60	3.44	1.75

2. 改进后的模型

随着树的生长, 树叶质量常数 (即树叶总质量与树冠体积之比) 会发生变化. 一般地, 树叶质量常数随着树的长大而变小.

鉴于此, 可得如下具有与体积相关的衰减因子的新树叶总质量模型:

$$LM = V \cdot LMC \cdot e^{-\lambda V} \tag{4.11}$$

此处, 参数 λ 取 0.01. 当树冠生长时, 不能忽略衰变因子的影响. 以抛物体和垂直椭球体树冠模型为例, 由基本模型和改进模型 (4.11) 计算的树叶质量常数见表 4-6.

表 4-6 树叶质量常数的比较

	垂直椭球体	抛物体
基本模型	1.18	1.09
改进模型	1.08	1.02

3. 异速生长模型

在此模型中, 通过树的胸径 (DBH) 来估计树叶的质量. 根据 Nowak 的研究, 异速生长模型如下:

$$\ln Y = 7.6109 + 0.0643X \tag{4.12}$$

式中 Y 表示树叶的质量, X 表示树的胸径. 这个模型提供了一个相对简便的方法来近似估计树叶质量, 缺点是忽略了树叶的内在生物机制.

下面将基于树叶内在生物机制来建立更精确的模型.

树叶质量取决于存储物质 (如水) 的能力, 这由导管系统决定. 导管系统的面积与半径的平方或周长成比例. 因此, 可得到如下修正的异速生长模型:

$$Y = aX^2 + bX + c \tag{4.13}$$

结合已知数据, 用模型 (4.13) 进行拟合, 拟合结果如图 4-21 所示 ($R^2 = 0.98$).

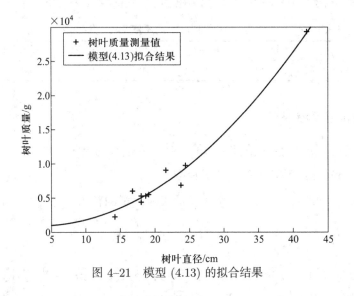

图 4-21 模型 (4.13) 的拟合结果

在图 4-22 中, 将基于模型 (4.12)、模型 (4.13) 所得树叶质量与树叶质量测量

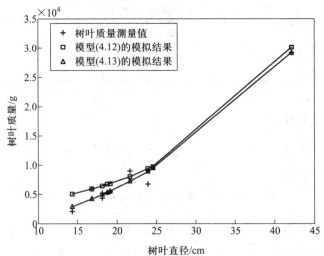

图 4-22 模型 (4.12)、(4.13) 所得树叶质量与树叶质量测量值的比较

值进行了对比. 不难看到, 修正后的异速生长模型能够更精确地估计树叶质量.

4.3 问题的综合分析与进一步研究的问题

4.3.1 问题的综合分析

下面将针对叶形分类模型、叶形与重叠区域的相关模型、叶形与树叶分布的相关模型、叶形与树分支结构的相关模型以及树叶总质量模型的优缺点进行综合分析.

1. 叶形分类模型

优点:

(1) 由于模型是基于聚类分析方法, 分类结果更为客观;

(2) 模型的输入参数相对较少;

(3) 此模型不仅适用于树叶形状的分类问题, 也适用其他分类问题.

缺点:

(1) 若树叶数量过大, 该分类方法会花费大量的时间;

(2) 聚类分析过程在植物学上缺乏专业理论知识的支撑.

2. 叶形与重叠区域的相关模型

优点:

(1) 可在不同情况下计算重叠区域面积;

(2) 清楚地获得了解析解, 结果具有统计特性.

缺点:

(1) 只考虑了一个分支上的树叶, 没有考虑相邻分支上树叶的影响;

(2) 没有考虑其他重要因素 (如树叶平整度等) 的影响.

3. 叶形与树叶分布的相关模型

优点:

(1) 基于光照强度分布机制建立模型;

(2) 给出了一个简单且有效的方法来描述叶片大小和光照强度的关系;

(3) 适用于树的不同结构.

缺点:

(1) 有关环境的假设过于理想;

(2) 没有使用更多数据来测试和改进模型;

(3) 模型的系数需要通过实验或经验的方法来确定.

4. 叶形与树分支结构的相关模型

优点:

(1) 基于先前研究者的实验数据计算出光照强度分布;

(2) 在 Logistic 模型的基础上得到了光照强度和叶片面积之间的关系.

缺点:

(1) 只专注于叶片面积这一个参数, 没有考虑其他参数来细化模型;

(2) 缺乏足够的数据测试模型的正确性.

5. 树叶总质量模型

优点:

(1) 建立多个模型, 各有其合理性;

(2) 体积法及其改进的方法很容易理解和计算.

缺点:

(1) 异速生长模型是基于统计的方法, 没有理论支持;

(2) 没有彻底了解清楚树叶质量的生物机制, 只是给出了一些简化的模型.

4.3.2 进一步研究的问题

树木生长、枝叶繁茂等生态现象是由诸多复杂因素决定的. 围绕本赛题, 可进一步开展研究的问题有:

(1) 统计分析方法与测量数据、测量结果的一致性研究;

(2) 研究供水、蒸腾作用与树的分枝、叶形之间的关系;

(3) 研究风速、树叶平整度与阴影重叠区域之间的关系;

(4) 基于图像的三维树冠体积的重构与精确计算.

参考文献

[1] Howell S H. Molecular Genetics of Plant Development Cambridge [M]. New York: Cambridge University Press, 1998.

[2] Hemsley A R, Poole I. The Evolution of Plant Physiology: From Whole Plants to Ecosystems Amsterdam [M]. Boston: Elsevier Academic Press, 2004.

[3] Stern K R, Bidlack J E, Jansky S H. Introductory Plant Biology [M]. Boston: McGraw-Hill Higher Education, 2008.

[4] Greig-Smith P. Quantitative Plant Ecology [M]. Oxford: Blackwell Scientific Publications, 1983.

[5] Lee C L, Chen S Y. Classification of Leaf Images [M]. New York: Wiley Periodicals, Inc., 2006.

[6] Jackson J E. Theory of modeling by model hedgerow ordards in relation to latitude, time of the year and hedgerow configuration and orientation [J]. J Apple Ecol, 1980, 9: 341–357.

第 5 章 大隆河露营问题

5.1 问题的综述

5.1.1 问题的提出

大隆河 (the Big Long River) 露营问题是 2012 年美国大学生数学建模竞赛的 B 题, 研究的是合理安排到大隆河漂流游客的露营优化问题. 题目如下:

大隆河露营

到大隆河 (225 英里) 游玩的游客可以享受到那里如画的风景和令人振奋的湍流. 徒步旅行者难以领略这条河的风景, 唯一的游玩方式是漂流, 这需要几天露营. 漂流都是开始于入口, 结束于最终的出口, 共 225 英里的顺流长度. 游客可以选择依靠船桨来前进的橡皮筏, 它的平均时速是 4 英里, 也可以选择平均时速为 8 英里的摩托艇. 旅程从开始到结束需要露营 6 至 18 个晚上不等. 负责管理这条河的政府部门希望让旅行者都能尽情享受野外经历, 同时能尽量少地与河中其他船只相遇. 通常, 每年经过大隆河的游客有 X 组, 这些漂流都在一个为期 6 个月的时间内进行 (一年中其余时间太冷了无法进行漂流). 在大隆河上有 Y 个露营地, 均匀分布在河岸上. 随着漂流人数日渐增多, 公园管理者面临更多请求允许更多的船只漂流. 他们要决定如何来安排最优的方案, 包括旅行时间 (以在河岸上露营的夜晚数计算)、选择哪种交通工具 (橡皮筏还是摩托艇), 从而能够最好地利用河岸上的露营地. 换句话来讲, 在大隆河的漂流季中, 到底能增加多少船只? 管理者希望你能给出最好的建议, 告诉他们如何决定河流的容纳量, 记住, 任意两组旅行者不能同时占用河岸上同一个露营点. 除了必须提供一页摘要页之外, 准备一页备忘录给管理者, 用来描述你的关键发现.

问题的原文如下:

Camping along the Big Long River

Visitors to the Big Long River (225 miles) can enjoy scenic views and exciting white water rapids. The river is inaccessible to hikers, so the only way to enjoy it is to take a river trip that requires several days of camping. River trips all start at First Launch and exit the river at Final Exit, 225 miles downstream. Passengers take either oar- powered rubber rafts, which travel on average 4 mph or motorized boats, which travel on average 8 mph. The trips range from 6 to 18 nights of camping on the river, start to finish.. The government agency responsible for managing this river wants every trip to enjoy a wilderness experience, with minimal contact with other groups of boats on the river. Currently, X trips travel down the Big Long River each year during a six month period (the rest of the year it is too cold for river trips). There are Y camp sites on the Big Long River, distributed fairly uniformly throughout the river corridor. Given the rise in popularity of river rafting, the park managers have been asked to allow more trips to travel down the river. They want to determine how they might schedule an optimal mix of trips, of varying duration (measured in nights on the river) and propulsion (motor or oar) that will utilize the campsites in the best way possible. In other words, how many more boat trips could be added to the Big Long River's rafting season? The river managers have hired you to advise them on ways in which to develop the best schedule and on ways in which to determine the carrying capacity of the river, remembering that no two sets of campers can occupy the same site at the same time. In addition to your one page summary sheet, prepare a one page memo to the managers of the river describing your key findings.

5.1.2　问题的背景资料

漂流的发展伴随着人类的历史. 它和许多娱乐、运动一样, 源于人类最初的生活、生存、交通、战争, 进而发展成为一项参与性极强的娱乐休闲旅游项目以及极富挑战、竞赛性的体育运动. 漂流最初源于爱斯基摩人的皮船、印第安人的树皮舟、中国的竹筏、木筏. 这些都是为了满足他们生活、生存、交通、战争的需要, 而真正广泛的漂流运动, 在二战之后才开始发展起来[1].

本题所涉及的大隆河, 现实生活中并不存在. 经过查阅资料, 此题所研究的问题, 背景与位于美国的科罗拉多大峡谷漂流相类似.

数百万年来, 奔腾的科罗拉多河在美国西部亚利桑那州北部的堪帕布高原上, 切割出令人震撼的奇迹 —— 科罗拉多大峡谷. 只要登高远望, 就可以清楚地看到平坦如桌面的高原上的一道大裂缝, 那就是科罗拉多河在这片洪荒大地上的印记. 大峡谷全长 446 km, 平均宽度 16 km, 最深处 1829 m, 平均深度超过 1500 m, 总面积 2724 km², 是世界上最大的峡谷之一, 也是地球上自然界七大奇景之一.

据称大峡谷于 1540 年被一支远征队发现. 1919 年, 威尔逊总统将大峡谷地区辟为 "大峡谷国家公园"(Grand Canyon National Park). 大峡谷山石多为红色, 从谷底到顶部分布着从寒武纪到新生代各个时期的岩层, 层次清晰, 色调各异, 并且含有各个地质年代的代表性生物化石, 又被称为 "活的地质史教科书"[2]. 自 1869 年美国炮兵少校鲍威尔首次漂流大峡谷开始, 100 多年来无数美国探险家在大峡谷挑战险滩. 2002 年, 权威的美国《国家地理》杂志进行了一次评选: 在美国最刺激、最富挑战性的 100 项探险活动中, 用橡皮艇沿科罗拉多河全程漂流大峡谷名列榜首. 它也是全世界漂流探险家梦想的地方[3].

通常, 进行环科罗拉多大峡谷漂流需要提前一年进行预约, 旅程最短 3 天, 最长可达 3 个星期. 在专业导游的指导下, 可以河畔宿营并且生火做饭, 回归最淳朴的自然生活. 每年 4 月至 10 月是进行漂流的最好季节[4].

正因为此, 管理者希望通过合理地规划露营地的使用, 使更多的旅行者能够领略到大峡谷迷人的魅力, 感受到在峡谷漂流的刺激.

5.2 问题的数学模型与结果分析

该问题要求针对在有限的旅游时间和露营点的限制下, 设计能尽可能多地安排游客进行漂流的方案. 初看来, 这似乎是一个时间窗口问题, 每组游客必须在天黑之前到达一个没有其他游客占用的露营营地. 仔细分析, 可以发现问题最核心的部分是: 每组游客必须在每天晚上到达河边的露营地点过夜, 并且任何两组队伍不能同时占据同一个露营地. 也就是说, 无论游客采用的工具是橡皮筏还是摩托艇, 晚上都必须上岸, 在管理人员指定的露营场地过夜. 河岸上的露营地数量, 决定了每天晚上留在河流区域旅行队数的上限, 从而也决定了每天白天进行漂流的旅行队数的上限. 这样, 这个问题就转化成为一个安排每天晚上露营地的排列问题.

本年度共有 2110 个队完成了该赛题的解答, 其中有 6 个队的论文获得特等奖 (Outstanding Winner), 9 个队的论文获得特等奖提名 (Finalist), 179 个队的论文获得一等奖 (Meritorious Winner), 566 个队的论文获得二等奖 (Honorable Mention), 1350 个队的论文获得成功参赛奖 (Successful Participation). 各参赛队提出了各种不同的方法, 设计了多种方案. 下面介绍几篇获得特等奖的论文给出的模型和方法.

5.2.1 模型一: 元胞自动机仿真模型

元胞自动机仿真模型[5] 建立的初衷是希望能够在 6 个月的旅游季节中使整个河流的利用率最大化, 也就是说尽可能安排更多的游客参与漂流旅行, 并给予其满意的服务; 同时, 能为游客提供多种多样的旅行选择.

1. 评估指标体系的建立

为了评估模型, 先对一些指标进行定义.

(1) 游客满意度 —— 用来衡量游客对于此次旅行的满意程度.

① 首先, 游客满意度与不同组游客间的接触次数成反比. 根据题目要求, 需要以最少的接触次数完成旅行. 在此我们考虑三种不同的接触 (即相互影响):

- 船与船的接触: 在漂流过程中, 一艘船超过另一艘时发生的相互影响;
- 露营与露营的冲突: 在露营点附近自发行走时, 遇到另一组人的相互影响;

• 船与露营的接触: 在漂流过程中, 一艘船超过一组在露营地扎营的游客时的相互影响.

② 其次, 如果旅行未按照计划时间完成, 游客满意度会降低. 由于安排中可能出现问题, 会导致部分组的游客提前或者延后完成旅行, 而时间计划与实际的差异会使游客产生心理落差或者耽误游客的时间, 会使其对此次旅行不满意.

③ 再次, 如果游客并没能够得到想要的旅行, 游客满意度也会下降. 因为不同的游客有不同的需求以及不同的时间计划, 若要使游客满意则需要根据不同游客的要求提供不同的漂流旅行计划.

基于以上影响满意度的不同内容, 通过测试模型找到一个合适的方法, 使满意度维持在一个较高的水平之上.

(2) 承载能力 —— 相比于河流系统的绝对承载力, 有多少队游客能够在旅游季节中加入旅行的总队数.

对于该系统, 文献 [5] 认为绝对承载能力为

$$6 \times 30 \times Y = 108Y \tag{5.1}$$

式中 Y 代表露营地个数. 对于实际承载能力, 由于漂流时间不同, 以及尽量减少游客间的接触, 故而实际规划中, 为了保持游客的高满意度从而能够容纳的最多人数为实际承载能力.

2. 静态策略与动态策略的比较

对于时间规划, 需要保证每组每天被分配到一个露营地, 尽量减少游客组间的冲突, 每天会有新的游客组加入, 最终确保游客按时完成漂流. 文献 [5] 由此提出两种策略来解决该问题.

(1) 静态策略: 时间规划中, 静态方法是应用最广泛的方法之一. 这种方法提前规划导致不会发生冲突, 另外除了一些极端环境因素的影响, 游客们都能够按时完成旅行. 但是静态方法不能够满足不同游客的需求, 为了避免冲突, 静态策略会减少旅行的种类, 以及每种旅行提供的时间 (通过轮流更换旅行计划). 此外, 静态策略也大大降低了实际承载能力.

(2) 动态策略: 相比于静态策略, 动态策略能够使游客的数量最大化. 为了满足游客的需求, 尽可能选择任意一种旅行方式, 这就要求动态系统更加复杂, 能

够解决更多的冲突. 动态系统的运行机制是在游客进入河道时, 系统提前一天知道游客计划的旅行时间. 第一天旅行开始时, 游客收到第一个目标宿营地信息; 在一天的漂流中, 公司会收集所有组游客的信息; 在当天结束时, 给出所有游客的下一个目标宿营地. 动态系统在每天结束时重新计算每组游客的路线, 从而保证游客按照预定日期完成旅行, 同时保证营地分配合理.

但是动态方法有两个潜在缺陷: ① 冲突发生以及未按时完成的可能性并不为零, 但通过合理的时间安排, 能使其保持在很低的范围内; ② 动态模型需要管理者每天都要进行一次对所有游客旅程的操作. 动态模型需要露营管理者在游客漂流的过程中随时与他们保持联系. 然而在现实中, 管理者应该能在前一天就给漂流者做出下一天的安排.

静态策略和动态策略的比较见表 5–1.

表 5–1 静态策略和动态策略的比较

	静态策略	动态策略
旅行种类选择	很少	多
不同种类旅行的频率	低, 周期性的	高, 几乎随时
最大承载人数	低	高
冲突发生的可能性	0	在合理安排的情况下很低
未按时完成的可能性	0	在合理安排的情况下低

3. 元胞自动机模型

根据前文所描述的动态策略, 文献 [5] 提出了元胞自动机模型.

将河流作为包含 Y 个细胞的一维数组, 每一个细胞代表一个宿营地, 具有被一组游客占用和未被占用两种状态. 细胞从 $1 \sim Y$ 标号, 标号越大表示在地理位置上越接近下游. 每一组游客目标将占一个细胞, 每一天游客移动到的下一个露营地均在其下游. 另外, 每一天都有新的游客被加到整个模型中.

步骤 1: 排队和加载 —— 将游客确定的漂流方式和预期旅行长度 D_a 输入模型. 采用泊松分布生成样本数据, λ 值取 $1 \sim 15$ 用来测试模型.

步骤 2: 移动 —— 对于每组游客, $y^* = (Y - y)/D_r$ 是重新计算的需要移动的位置数, 其中, y 表示现阶段旅客的位置, D_r 表示旅行剩余的天数. 如果这个距离在两种漂流方式的限制中, 则向下游移动 y^* 个露营地, 否则取最大值或最小值移动.

步骤 3: 解决冲突 —— 对于所有元胞, 超过两组游客就会产生冲突, 需要合理安排从而进行解决, 根据冲突原则进行计算, 直到没有冲突发生. 冲突原则如下:

对于游客间的冲突接触, 定义冲突系数 β, 用来确定哪个游客被分到理想的露营地, 哪个被分到其他露营地.

$$\beta = \frac{Y - y}{D_r} \tag{5.2}$$

冲突系数 β 应等于游客一天应该走过的露营地数, 但 β 是连续的, 而露营地间的距离值却是离散的.

为了避免冲突, β 值最大的游客将被安排到最初安排的营地. 其他游客沿着冲突方向寻找距离自己最近的未被占据的露营地, 并且在其可移动范围内. 如果不存在这样一个露营地, 则朝相反方向搜寻新的露营地. 如果无论怎样都找不到合适的露营地, 则程序报错, 对于现实中的预测模型, 提前知道这种情况, 管理者就会通知游客这次旅行是不可行的.

对于冲突方向, 可随机安排或者进行初始化, 见求解部分.

步骤 4: 数据处理 —— 计算数组中的元素, 如果有哪组旅客 $y \geqslant Y$, 则表示已完成旅行, 从模型中移除.

元胞自动机模型实施示意图如图 5-1 所示.

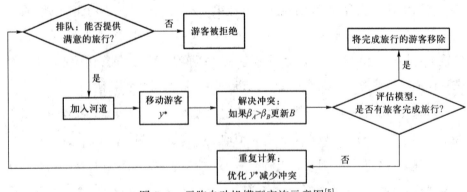

图 5-1　元胞自动机模型实施示意图[5]

4. 模型的实现

为了评估此模型的应用效果, 需要对一些指标进行比较。下面利用不同的限制条件来进行模型求解, 主要从以下两方面考虑:

(1) 求解过程中通过重复计算 y^*, 并且利用冲突原则的步骤进行方法的确定. 迭代计算 y^* 是一个自我校正的步骤, 可以只考虑 y^* 在最初进入河道时计算的值.

(2) 考虑如何对冲突方向进行初始化以及进行颠倒. 在理想求解中, 对于冲突方向的初始化是随机的. 若碰撞则颠倒, 如此反复.

基于这两方面, 考虑在 7 种情况下进行模型实现, 见表 5-2.

表 5-2   在不同的 7 种控制情况下, 模型的理想实现

模型实现	y^* 重复计算?	初始冲突方向	单向碰撞
A (理想)	是	随机	否
B (限制 1)	否	随机	否
C (限制 1)	是		
D (限制 1)	否		
E (限制 2)	是	下游	是
F (限制 2)	是	上游	是
G (限制 2)	是	随机	是

另外, 对于其他限制条件, 做如下规定:

① 系统拒绝率不得超过 10%;

② 没有按照计划时间完成旅行的游客数量不能超过整个漂流季游客的 10%;

③ 每人每天船和船相遇的次数不超过 10 次.

④ 露营地冲突要求为 0;

⑤ 船与露营地的冲突要求为 0.

基于以上限制, 给出了两组模型的实验结果, 见表 5-3 和表 5-4.

表 5-3   第一组实验结果

模型实现	游客数量	拒绝率%	未完成率%	过早完成率%	延迟完成率%
A (理想)	756	3.8	2.1	0.4	1.7
B (y^* 恒定)	753	5.5	42.3	30.3	12
C (无冲突原则)	182	75.5	0	0	0
D (y^* 恒定, 无冲突原则)	190	74.6	27.5	27.5	0

第一组实验考虑了两个参数: ① y^* 没有被重复计算; ② 碰撞原则并没有考虑. 测试参数 $Y = 100, \lambda = 5$.

表 5-4　第二组实验结果

模型实现	游客数量	拒绝率%	每个游客冲突次数	未完成率%
A (理想)	754	4.86	2.1	2.2
E (单向下游冲突)	719	8.73	7.34	2.2
F (单向上游冲突)	516	35.0	4.79	1.44
G (单向随机冲突)	190	74.6	27.5	27.5

第二组实验探讨了单向碰撞的情况, 仍然取 $Y = 100, \lambda = 5$.

分析以上结果, 可以得到:

① 冲突原则能够提高最大承载人数近 400%, 重复计算 y^* 能够有效减少未按计划完成旅行的比率.

② 当不考虑冲突原则时, 方法接近于之前提到的静态模型算法, 在这种情况下能保证所有的游客都得到理想的露营地, 但是会使拒绝率非常高.

③ 重复计算 y^* 对游客人数的影响很小, 但是却能够几乎消除大部分未完成计划的游客数量.

④ 仅采取单方向的冲突设定降低了按计划完成的游客数量, 可以知道因为方向的固定有时候导致解决冲突的方式变少, 从而只能降低按时完成旅行的人数.

⑤ 双向冲突方向的设定增加了解决冲突的方式.

通过以上分析, 可以发现模型的实现方式 A 最理想, 不仅能够使整个漂流季的旅行人数最大化, 还能够使旅客享受不同的旅行方式, 并且最小化了未完成的人数.

5. 敏感性分析

(1) 冲突次数

通过查阅文章, 如果游客每天在漂流过程中相遇次数超过 10 次, 游客满意度会下降. 文献 [5] 提出的模型能够使游客的冲突平均次数小于 10 次, 见表 5-4, 由于在产生冲突时, 采用的是双向寻找新的露营地, 故表 5-4 最后一行并不是模型考虑的情况. 另外, 船与船接触的次数几乎是恒定的, 受 Y, λ 影响很小, 表明模型在维持高满意度方面表现良好. 这也可以推断出, 实际承载力几乎不受船与船接触次数的影响.

图 5–2 ~ 图 5–5 均是针对上面提出的模型, 随机生成数据模拟产生的.

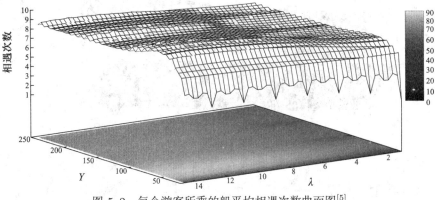

图 5–2   每个游客所乘的船平均相遇次数曲面图[5]

(2) 游客拒绝率

通过图 5–3 可以看出, 当 Y 增大时游客拒绝率能够下降. 因此对于模型实现过程中, 选取更大的 Y 可以很好地对实际承载力进行最大化.

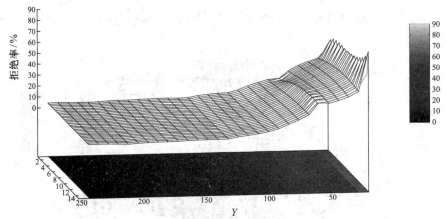

图 5–3   在 6 个月的漂流季中可以完成旅行的旅客数量曲面图[5]

(3) 未按计划完成旅行比率

在模型计算过程中发现, 未完成的往往只是差了一天的路程. 从图 5–4 可以看出, 当 Y 增大时, 游客未完成率下降. 当 Y 足够大时, 该比率趋于 0, 这说明足够的露营地能够有效地减少提早或延迟完成旅行的可能性.

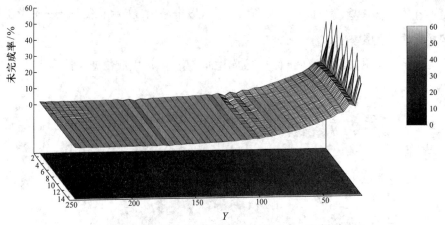

图 5-4　未完成旅行的游客百分比曲面图[5]

(4) 承载能力

从图 5-5, 模拟结果可以看出最大实际承载能力不同于理想承载能力. 此时, 露营点个数为 180, 平均每天可以接待 15 组游客. 对于此时的承载能力, 有

- 游客拒绝率为 1.79%, 表示有 98.21% 的游客满足旅行需求;

- 未完成率为 0.67%, 表示有 99.33% 的游客按照预期完成漂流;

- 每季每人遭遇到的冲突次数平均为 10.35, 低于系统的标准.

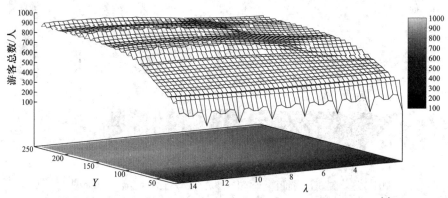

图 5-5　在 6 个月漂流季当中, 可以完成旅行的游客数量曲面图[5]

然而, 为了最大化承载能力, 需要建设 180 个露营地, 从经济的角度考虑, 这个代价太过昂贵. 注意到如果以部分承载能力作为牺牲, 可以做一个更加经济的决定. 比如, 对于 $Y = 100, \lambda = 15$, 承载能力为每季 1025 人.

6. 进一步研究的问题

在实际中, 会有更多的因素影响对于整个系统的规划设计, 就此可以综合各个方面考虑完善模型. 例如环境退化、天气影响、资金运作以及定价等问题.

(1) 环境退化

上述模型中, 我们假设露营地在该旅游季中从始至终能够保持其功能, 但实际生活中这是不现实的. 调查显示对露营地的频繁使用会使土壤质地、植物多样性等受到影响, 当退化到一定程度时, 露营地就不能再被利用了.

就此问题, 可以定义一个参数为被利用的营地数量

$$Y' = Y - \alpha \log \lambda \tag{5.3}$$

α 是一个参数, 表 5–5 ~ 表 5–7 分别讨论了当参数取不同值时对结果的影响.

在 $Y = 110$ 时, 考虑到环境退化的因素导致部分露营地不可用.

表 5–5 ~ 表 5–7 分别为环境退化因素对游客数量、未完成率以及拒绝率的影响。

表 5–5 环境退化因素对游客数量的影响

游客数量/人	λ			
$\alpha = 0$	769	910	973	1071
$\alpha = 10$	755	880	900	830
$\alpha = 20$	680	751	570	525
$\alpha = 30$	556	497	323	298

表 5–6 环境退化因素对未完成率的影响

未完成率/%	λ			
$\alpha = 0$	1.8	2.3	3.5	4.0
$\alpha = 10$	3.7	6.1	8.0	10
$\alpha = 20$	9.1	10	24	18
$\alpha = 30$	12	28	33	54

从表 5–5 ~ 表 5–7 中, 明显可以看出当 α 增大时, 各项指标都越来越恶劣. 调整 α 可以采取以下措施:

① 建立更多的露营地, 能够一定程度上缓解退化率 α 的增长.

② 公司采取多项措施保护环境, 并对露营点进行适时的维护.

表 5-7　环境退化因素对拒绝率的影响

拒绝率/%	λ			
$\alpha = 0$	0.5	0.7	1.9	2.9
$\alpha = 10$	2.6	3.5	15.3	23.6
$\alpha = 20$	9.9	19.2	45.7	49.6
$\alpha = 30$	28.3	47.7	71.0	75.1

(2) 天气影响

上述模型是假设在天气良好的状况下, 不受任何干扰地进行安排, 但是实际生活中不免会有暴风雨等恶劣天气导致漂流中断. 因此, 需要针对天气问题对模型进行改进. 首先停止新的游客进入系统, 对于已经进行旅行的游客, 将延长其计划时间或者在恶劣天气结束后为其更改计划. 把暴风雨发生的概率设为 5% 进行测试, 发现游客人数只减少了 10%, 还是可以接受的.

(3) 资金运作以及定价问题

上述模型研究了如何能够使旅客人数最大化, 当有一个理想的算法解决这一问题时, 还需要考虑整个旅游季的资金运作以及定价问题, 从而保证收益最大化. 前文已经提到过, 当 Y 从 180 减少到 100 时, 人数仅仅少了 70 余人. 建立一个露营地以及日常维护是需要一定费用的, 故不能单纯为了追求人数的最大化, 而造成更多的资金消耗.

可以通过整个河道的环境保护维护费用、露营地的环境维护费用、公司的运作费用、设备的保养维修费用、意外情况处理费用等, 计算出与人数有一定相关关系的成本费用, 从而据此对不同旅游形式的算法设计一套明确的定价方式. 这是公司最后需要解决的问题.

5.2.2　模型二: 代理人模型、旅行日程模型以及概率模型

为了给大隆河的管理者提出好的建议, 使营地利用率最优并且游客人数最大化, 文献 [6] 提出了三个不同的模型, 分别为基于代理人模型、基于旅行日程的模型以及概率模型, 并使用美国的科罗拉多河来模拟大隆河, 对其提出的模型算法进行仿真.

第一个模型为基于代理人的仿真模型, 假设每一只船都按照旅客的意愿进

行漂流. 旅客并不需要预先设定露营地点, 但是可能会有很小一部分游客 (小于 1%) 需要在傍晚继续漂流以寻找可以停留的露营地. 在这个模型中, 需要每只船每天尽可能早地开始漂流, 对于速度慢的橡皮筏, 则需要在大隆河中进行较长时间的漂流 (12 ~ 18 天).

第二个模型需要河流管理者在旅行季开始的时候, 就给出每一只船开始漂流的日期以及每一只船每天的露营地点, 这保证了所有漂流船只都能够在白天找到可停留的露营地. 该算法优先考虑橡皮筏, 因为相比较于摩托艇, 橡皮筏的灵活性欠佳. 这种旅行安排, 每天可以允许 7 只船漂流.

第三个模型基于概率方法, 给出一只船可能要漂流更远的距离去寻找露营地直到他们找到可停留的露营地的概率. 与第一个模型类似, 概率模型允许船只按照自己的意愿进行漂流, 但是所有船只有不超过 1% 的概率需要漂流更远的距离去寻找可行的露营地. 第三个模型的结果显示, 橡皮筏和橡皮筏竞争露营地的时候, 模型结果通常很好; 同样地, 当摩托艇的竞争对手大部分是摩托艇的时候, 结果通常也很好.

这三个模型各有优劣, 分别介绍如下。

1. 模型一: 基于代理人模型

(1) 算法

为了判断哪种类型的船只可以进入河道, 以及每一只船开始漂流的时间, 文献 [6] 建立了几个概率分布函数. 为了简单起见, 选择随机均匀分布作为初始设置. 每一只船的出发时间从太阳升起时开始, 至上午 11 点结束, 遵循连续均匀分布. 船只的速度由参数为 0.5 的伯努利分布决定. 无论是何种漂流形式 (夜宿 6 晚至 18 晚不等), 漂流长度均服从均匀分布.

算法如下:

① 在每天的开始, 使用一组概率分布函数, 生成一定数量、速度和出发时间的船只.

② 通过公式 (5.4), 计算每只船当天的目标漂流距离, 决定这只船在多远处扎营.

$$g = (225 - d)/(r + 1) \tag{5.4}$$

③ 每只船仅顺着河流前进.

$$d = d + v/60 \tag{5.5}$$

④ 当以下某一条件满足时, 船只开始寻找没有被占用的露营地露营: 船只已经在水上断续漂流了 8 h; 时间到了日落前 2 h; 船只漂流距离已经超过当天的目标距离.

⑤ 旅行者露营之后, 船只属性修改到下一天对应的情况. 下一天的出发时间和目标距离将按照前面的步骤重新计算.

(2) 寻优方法

为了使船只露营失败 (天黑还没有成功扎营) 的比例最小, 设定如下规则:

① 船只每天开始出发的时间越早, 失败比例越小.

② 对于橡皮筏, 减小对最短时间的限制就不会给他们寻找露营地造成太大压力, 进而提升营地利用率.

(3) 结果

根据以上叙述, 即可优化失败船只比例或者营地利用率的目标.

以失败船只百分比小于 1% 为标准, 确定河流每天的通行能力. 每天进入河道的船只数对失败船只百分比的影响, 如图 5-6 所示.

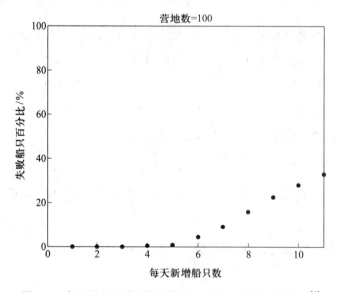

图 5-6　每天进入河道的船只数对失败船只百分比的影响[6]

另一方面, 每天进入河道的船只数对营地利用率的影响则如图 5-7 所示.

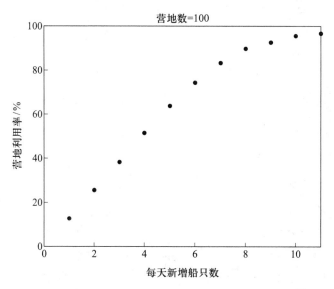

图 5-7 每天进入河道的船只数对营地利用率的影响[6]

露营地总数对失败船只比例影响如图 5-8 所示.

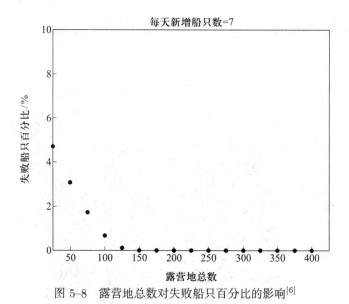

图 5-8 露营地总数对失败船只百分比的影响[6]

从图 5-8 可以看出, 当营地数达到 100 时, 失败船只百分比已低于 1%.

那么, 整个旅游季的最大容量就会直接受到露营地数量的影响, 其变化如图

5–9 所示.

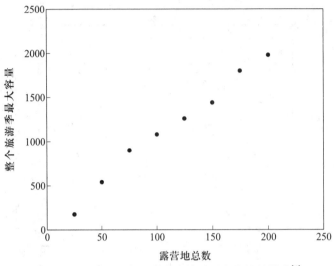

图 5–9　露营地总数对整个旅游季最大容量的影响[6]

从图 5–9 可以看出, 当营地数量为 100 时, 一个旅游季的最大通行船只数约为 1170.

为了观察营地的利用率, 仿真了 5 个旅游季, 得到每个露营地的利用率情况, 如图 5–10 所示.

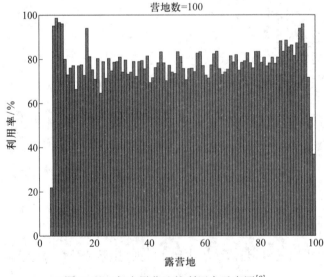

图 5–10　每个露营地的利用率示意图[6]

图 5–10 表明前 5 个露营地和后 5 个露营地的利用率会出现偏低情况, 这符合游客在开始阶段和结束阶段都在尽力赶路的情况.

2. 模型二: 基于旅行日程模型

这个模型通过设定旅行日程来对每只船进行露营地使用规划. 其优点在于, 运用一个相对简单的贪心试探算法来确定船的位置, 这样每只船的旅程基本确定, 并且优化结果可以达到露营地 80%的利用率和船只 1%的失败比例.

(1) 算法 (使用贪心试探算法规划每只船的旅行路线)

① 每天允许固定数量的船只进入河道开始漂流. 旅行持续时间在 6 ~ 18 天的范围内均匀分布.

② 每只新进入船只的目标营地由下式确定:

$$g_i = i \times \frac{L}{n}, \quad i = 1, 2, \cdots, 6 \tag{5.6}$$

③ 所有船只按速度分类, 橡皮筏在调度中处在优先级别, 因为它们具备更小的自由度.

④ 对于每一只船, 算法会检测在它一天的旅程范围内, 所有未被占用的露营地.

⑤ 船只被放置在距离目标旅程最近的营地.

⑥ 如果一只船不能被放置, 那么从这条路线中删除.

⑦ 如果一只船在旅程时间内未能到达终点, 则从这条路线中删除.

⑧ 最后, 可以使用的路线规划产生.

(2) 结果

图 5–11 给出了当露营地个数为 100 个时, 每天未找到露营地的船只与新增船只之前的关系图. 从图中可以看出, 每天新增船只数大于 7 时, 找不到露营地的船只数呈线性增长. 但是, 每天新增船只数 ⩽ 6 时, 所有的船只都可以成功找到露营地. 当每天新增船只数等于 7 时, 只有不到 1% 的船只找不到宿营地. 因此, 使用简单的贪婪算法安排船只宿营, 每天可以新增船只 7 只.

由图 5–12 可以看出, 当每天增加船只数 ⩾ 9 时, 露营地利用率可以近似看作为一个常数, 约为 80%.

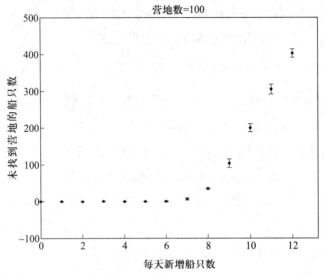

图 5-11   未找到营地的船只数与每天新增船只数关系图[6]

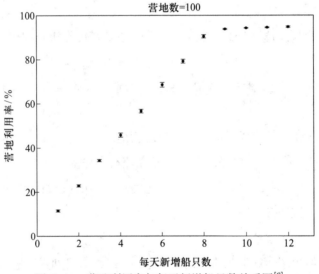

图 5-12   营地利用率与每天新增船只数关系图[6]

图 5-13 给出了露营地数目与未成功找到露营地的船只的关系图, 可以看出, 当每只新增船只数为 7 时, 露营地数目大于 100 个时, 所有的船只都可以成功露营. 图 5-14 给出了当 $\Delta X = 7$ 时, 露营地数目与露营地利用率的关系. 在露营地个数大约为 80 时, 可以清晰地看到一个弯曲点, 这时露营地的利用率大约为 90%.

每天新增一些船只, 按照模型二的算法, 得到整个旅游季可接待船只总数如

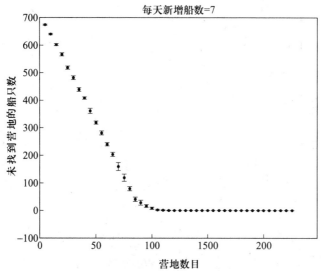

图 5-13 未找到营地的船只数与营地数目关系图[6]

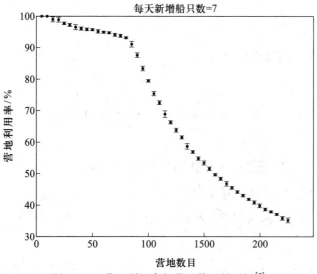

图 5-14 营地利用率与营地数目关系图[6]

图 5-15 所示.

以上计算表明, 整个旅游季有 1260 ~ 1400 只船可以被接待, 并且营地利用率可以达到 100%.

进一步计算表明, 导致船只未能成功找到露营地的原因与船只速度的及其漂流总天数并无关联[6]. 因此可以考虑每天加入更多的船只, 但是考虑到露营地的利用率要达到 100%, 因此 1400 应该是此时河流的接待上限, 而 1260 将会使

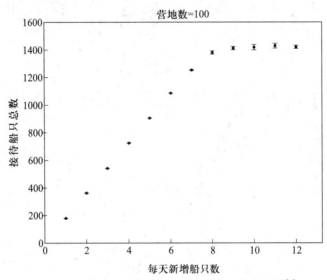

图 5–15　接待船只总数与每天新增船只数关系图[6]

旅途更加舒适.

3. 模型三: 概率模型

(1) 算法

在模型三中, 基本问题是要确定多少种类的船只被允许进入河流当中, 从而保证船只可以找到空的露营地.

为此, 要对上述模型一和模型二的假设进行松弛:

① 船只每天的日程是可变的, 但是其旅程天数是确定的.

② 每只船的目标日程呈指数分布, 相互独立, 则船只达到的位置是一个齐次泊松过程.

③ 每天不同旅程长度的船只相对确定, 不会某一天只允许橡皮筏漂流或者只允许摩托艇漂流.

④ 营地均匀分布.

考虑每天可变的漂流距离是此模型的主要优势, 因为在漂流的过程中, 船只可能出现问题, 漂流者的情绪也会发生变化, 这些都会影响到每天的行程. 模型三用指数随机分布而不是提前设定旅程长度, 更符合实际情况. 而使用齐次泊松过程的一大优势是, 只要船只的期望旅程天数 n 确定, 那么其停止点服从参数为 n 的齐次分布.

图 5-16 解释了模型开始提出的问题, 图中 × 点表示船只期望停靠的地方, w 是其距最近营地的距离, 而 $w + D$ 为下一个营地距离, 以此类推. 假设所有船只都是橡皮筏, 当天将要黑时, 船只都能达到期望停靠点, 即 $\triangle$ 点, 现在需要知道, 为了寻找空的露营地而需要前进一段距离 δ 的可能性大小.

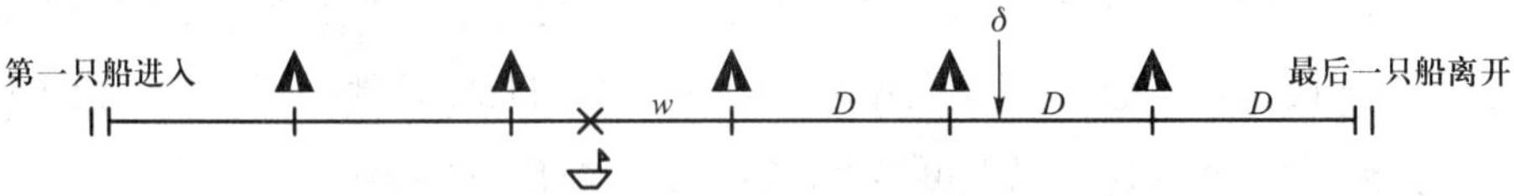

图 5-16　船只选择露营地示意图[6]

如果假设前面的船只都会抵达一个空的露营地, 那么这个可能性就变成出现两只船在 w 范围内或者一只在 w 范围内, 另一只在 D 范围内的可能性. 这两个事件的可能性计算如 (5.7)、(5.8) 式:

$$P(A) = \binom{N-1}{2} w^2 (1-w)^{(N-1)-2} \tag{5.7}$$

$$P(B) = \binom{N-1}{2} (w+D)^2 (1-(w+D))^{(N-1)-2} \binom{2}{1} w(1-w) \tag{5.8}$$

其中 N 表示在给定时间内河流上的船只数, A 表示在 × 点和第一个营地之间有两只迫近的船的事件, B 表示在 w 和 D 的范围内分别有一只船的事件.

现在已经为提出最后一个假设做好了背景工作, 同时, 开始允许橡皮筏和摩托艇同时出现.

重新考虑每一晚所有船只的期望停靠点. 已知停靠点服从均匀分布, 那么不同于以上情况, 船只继续前进 δ 的可能性计算会因为更快速的摩托艇的出现而改变. 此时这个可能性可表示为其他船只为了达到考虑船只和 δ 之间的营地而出现在特定的排序结构中的情况. 那么, 可能性的计算表达式变化为公式 (5.9) 和公式 (5.10):

$$P(A') = \binom{N-1}{2} (w+p_f w)^2 (1-(w+p_f w))^{(N-1)-2} \tag{5.9}$$

$$P(B') = \binom{N-1}{2} (w+D+p_f D)^2 (1-(w+D+p_f D))^{(N-1)-2}$$

$$\binom{2}{1}(w + p_f w)(1 - (w + p_f w)) \tag{5.10}$$

其中, p_f 表示河流上的船只为摩托艇的可能性. A' 表示有两只船迫近第一个露营地, B' 表示一只船迫近第一营地, 另一只船在第一营地与第二营地之间.

对于船只是摩托艇的情况, 分析与之类似. 此时需要考虑的不是后面的船只, 而是前面是否有橡皮筏需要超越. 因为超出到目标露营地距离一半的橡皮筏不可能被追上, 所以建立以下可能性计算公式 (5.11)、(5.12):

$$P(A'') = \binom{N-1}{2}\left(w - \frac{(1-p_f)w}{2}\right)^2\left(1 - \left(w - \frac{(1-p_f)w}{2}\right)\right)^{(N-1)-2} \tag{5.11}$$

$$P(B'') = \binom{N-1}{2}\left(w + D - \frac{(1-p_f)(w+D)}{2}\right)^2 \cdot$$

$$\left(1 - \left(w + D - \frac{(1-p_f)(w+D)}{2}\right)\right)^{(N-1)-2} \cdot$$

$$\binom{2}{1}\left(w - \frac{(1-p_f)w}{2}\right)\left(1 - \left(w - \frac{(1-p_f)w}{2}\right)\right) \tag{5.12}$$

其中, A'' 表示前面有两只船在追上距离之外, B'' 表示一只船在与最近营地之间, 另一只船在最近的前面两个营地之间.

仿真结果表明, 以上事件出现的可能性与河道上漂流的船只数无关, 而摩托艇平均要前行 14 英里才能找到空的露营地. 分析同样表明, 露营地的位置对结果影响很大, 船只出发的数量与营地距离成反比.

(2) 综合分析

综上模型三结果, 可以得到, 当沿着河流放置 99 个营地时, 最多 77 只船可以同时在河道中漂流, 前提是假设橡皮筏和摩托艇数量相同. 这个安排可以保证平均只有 1%的船只需要前行 14 英里来寻找营地. 假设平均旅程长度为 12 天, 则可以每 12 天安排 77 只船进入河流中. 那么在整个 180 天的旅游季中, 可以得出大隆河的接待容量为 1155 只船.

5.3 问题的综合分析与进一步研究的问题

本节将综合分析大隆河露营问题的处理思想、解决方法, 以及完成的基本点和可以进一步研究的问题.

5.3.1　问题的综合分析

2012 年 MCM 的 B 题, 来源于一条名为大隆河上的漂流活动. 这条河每年可以开放的时间有 6 个月, 其他时间因为气温太低不适于漂流. 漂流时, 游客可以选择低速的橡皮艇, 也可以选择高速的摩托艇. 整个旅程可以安排 6 ~ 18 个夜晚在河边露营. 但是由于游客人数不断增长, 排队的游客越来越多, 使得需要等待的时间越来越长. 管理人员希望能让更多的游客享受漂流的经历, 所以需要优化安排方案, 从而可以在漂流季中尽可能多地增加旅行队数量.

出于安全方面的考虑, 旅客在夜晚必须上岸寻找露营地休息, 而每一个露营点只允许一只船上的游客露营. 这也是求解此题的最核心部分.

根据这个思路, 安排船只进入大隆河可以有以下几种方式:

(1) 把每晚所有露营地都尽可能安排满. 由于漂流期只有 6 个月, 可以进行漂流的总天数是确定的, 而露营地的数量也是确定的, 那么所有队伍在露营地过夜的总数量可以确定. 根据这个分析, 可以得到在整个漂流季中允许进入大隆河进行漂流的船只上限. 同时, 也可以根据当前方案所有在露营地过夜的船只数除以这个上限, 将其定义为饱和率, 用来衡量所提方案的效率. 根据这个上限, 可以得到一个简单的规律, 用每天允许进入河道的最大船只数把露营地全部填满. 不过, 这个方案的优化结果显而易见: 为得到最多的船只数, 必然会全部选用快速的船, 然后按每天的最大前进速度把所能前进距离上的营地全部填满. 这显然是牺牲游客自主意愿的做法.

(2) 电脑随机生成符合规定的漂流露营路线, 并加入现有路线之中. 在加入过程中, 如果与现有路线发生冲突, 则删除该路线, 电脑重新生成一条路线. 这是一个简单却又充满随机性的方法, 使得各种旅行安排都会成为可能, 最终的结果可能会出现河道的利用率并不高的情况. 这种情况类似于现有的铁路排位系统, 解决方案可以是优先保证先预定的人的利益最大化.

结合 (1) (2), 一种综合各自优缺点的中间方案可以被采用, 即先根据速度范围随机生成几个不同类型不同时长的路线, 然后按次序尽可能地去将露营地安排满. 这种中间方案很明显不能实现数学上的 "最大化", 但是这明显是一种可以获得更高评价的方案.

对于评价, 一道好的优化问题的解答, 必须要说明其评判标准和对比不同方案的方法, 对于这道题尤为重要.

(1) 本题原述是 "尽可能地安排更多的游客", 假设每支旅行队伍的人数上限是相同的, 问题就可以等价为旅行队数最大化. 这样对应过去就是方案一的解答, 即全部用摩托艇去填满河道. 这样算出来的旅行队数的确就是最大值. 这个数量, 也是这个河道的容量上限. 但是, 这种安排方案毫无疑问没有任何个性化色彩, 为了数量而去安排, 很可能会让游客不满意, 也有可能会伤害环境. 所以, 也就产生了下面两个评价关键点.

(2) 游客满意度. 对于一个旅游景区来说, 游客的满意度非常重要, 它决定了景区是否能长期良好地发展. 但是, 人的感情是复杂的, 而且也会由于人的不同, 个性不同, 需求会不同, 感受也会不同, 所以衡量人的满意程度非常困难. 不过, 我们依然可以提出一些基本的评价指标, 比如疲劳程度, 在河道内的游览时长、休息时长, 整个旅程各天游览时长与休息时长的均衡程度, 等等. 这些都是比较容易定义和量化的指标, 可以通过旅行中的数据来定义.

(3) 旅游景区的伤害程度. 景区有一定的自我恢复能力, 但肯定不是无限的, 而且也不能简单地用前面定义的最大容纳量来表示. 这个伤害程度, 应该与人数正相关, 与旅行时间正相关, 与河道的拥挤程度正相关, 甚至, 可以考虑到在不同季节, 这个伤害程度也会有区别. 总之, 必须保证旅行与环境和谐的方案.

5.3.2　其他建模方法分析

1. 基于优先级的旅行日程设计模型

文献 [7] 提出的模型主要假设有: 从 4 月 1 日到 9 月 30 日共计 183 天, 182 个夜晚; 露营地沿河道等距分布; 露营地数量 $Y \geqslant 18$; 所有船只不能后退, 只能向下游漂流; 所有行程要求提前告知.

将进行漂流的船只数越多越好设定为优化目标, 并且船和船之间尽量减少会面.

将模型划分为两个主要部分: 船只和河流.

一只船在模型中就表示对应的旅行, 一只船的属性由运输方式 (橡皮筏或摩托艇) 和所需在河道中停留的夜晚数量组成.

首先, 要计算一只船一天穿过营地数的最大值 S_k. 如果一只船一天前进的

最大距离为 $v_k h$, 那么有 (5.13) 式成立:

$$\Delta S_k \leqslant \left\lceil \frac{v_k h(Y+1)}{225} \right\rceil \tag{5.13}$$

该算法主要基于时间优先级. 高优先级首先选择露营地, 橡皮筏优先于摩托艇.

随后对该算法的敏感性进行了测试, 修改变量包括露营地数量、旅行长度、船的种类、每天花费时间等.

结果显示, 此模型对于小的变化敏感性较弱. 当增加或减少每只船的漂流天数时, 允许进行漂流的船只数呈线性增加或减小, 这意味着效率保持不变. 当改变橡皮筏和摩托艇船只的比率时, 效率只发生约 2.5% 的改变, 这个变化值并不大. 假设中所做出的均匀分布和高斯分布并没有显著地影响旅行的效率.

此模型的优点是, 它的效率高达 98.8%, 这是非常好的结果, 因为没有船只能够在旅行的第一天抵达终点, 所以会有一些露营地在第一天和最后几天不被使用, 故最佳概率可能值约为 99%. 此模型的另一个优点是, 可以使随机选择的一组船只尽可能少地在漂流过程中互相遇见.

此模型的缺点之一在于, 每天进行漂流的船只时间顺序是随机的 (先来先服务), 作者试图找到一个更好的方法来决定进船的顺序, 但是得到的结果并不理想. 后续还可以继续研究, 重新安排旅行来改善问题.

2. 大隆河的最优日程安排模型

最优日程规划, 其目标为减少船只互相碰面的次数, 且最大化露营地使用率.

针对于此, 文献 [8] 提出了 3 个主要模型:

(1) 调度优先级模型, 迭代生成一个每天停留的露营地的时间表.

(2) 密度扰动模型, 将所有船只放在最佳露营地, 然后迭代扰乱这个结构, 直到没有船只在旅行中相互冲突为止.

(3) 骨骼生长模型, 使用启发式贪婪算法, 构建一个初始输入旅行序列, 解决全局无跨界船只的安排问题.

调度优先级模型能够覆盖 80% 的营地以及每次旅行最多 30 只跨界船, 骨骼生长模型覆盖了约 50% 的营地, 没有跨界船. 随着露营地的数量增加, 两个模型都能够覆盖更多的露营地.

调度优先级模型中, 随着营地数变大, 跨界船的数量呈指数增长.

结果表明, 对于一条宽阔的河流, 如果跨界船不是问题, 那么调度优先级模型是规划的首选. 而如果不能出现跨界船, 那么骨骼生长模型是首选.

每一个模型针对不同旅程长度的出发时间, 都是按照均匀分布进行的. 而且对于不同的时间窗口, 可以混合不同的模型. 那么, 对于各种不同的目标, 使用一个或多个模型能够产生一个接近最优解.

参考文献

[1] 漂流的起源与变迁 [EB/OL]. [2011-04-18]. http://jingyan.baidu.com/article/5d6edee 2443dac99eadeec34.html.

[2] 科罗拉多大峡谷 [EB/OL]. [2014-02-07]. http://baike.baidu.com/view/6109.htm?fr= aladdin.

[3] 郭峥. 科罗拉多大峡谷漂流纪实 [EB/OL]. [2007-09-07]. http://www.10yan.com/ html/News/SocialNewscoment/2007-9/7/151320366.html.

[4] 科罗拉多河体验漂流探险 [EB/OL]. [2014-08-07]. http://trip.elong.com/news/ n015kus3.html.

[5] Hu C B. C. A. R. S.: Cellular Automaton Rafting Simulation [EB/OL]. [2013-10-11]. http://wenku.baidu.com/link?url=K3R8vUPUP_YNFLyB3UQw6yWZjyGpvJqUP aw0PQZ6zWzssQ2VBnVRa8bPF3X9AxOlVqwjFdk2fJyYu8hso7TjrCC9 Mg6JLvG9410zqIzZHRW.

[6] Anne D. Optimization of Seasonal Throughput and Campsite Utilization on the Big Long River [EB/OL]. [2014-02-06]. http://wenku.baidu.com/link?url=T0KZZbc RPEpzyNd9gDqvGeVNjJNwF2Qz5iyMC13oLGOayOu-YtFdRb50PNZSyTLy3 mqi1LVa_xFN7EF_jTSzwmXY7yMNwvm5QnrgEvFSmwC.

[7] Nathan G. Getting Our Priorities Straight [EB/OL]. [2013-05-12]. http://www. doc88.com/p-9052004692971.html.

[8] Anne D. Optimal Scheduling for the Big Long River [EB/OL]. [2013-01-24]. http:// wenku.baidu.com/link?url=p1oylxXiM7B3SQR9OtSQ54YaquXNNNzHcL4A6fZ 3ooHT2xli1b618FxnzrzjHa1jqM_BJQ4JMGO0M-AldX2tBwZux0CKNIQKLEGW 2k0PJRa.

第 6 章　抓捕罪犯模型

6.1　问题的综述

6.1.1　问题的提出

抓捕罪犯模型是 2012 年美国大学生数学建模竞赛的 C 题, 研究的是如何在网络模型中有效地识别犯罪人员的问题. 题目的具体内容如下.

抓捕罪犯模型

您的组织 ICM 正在调查一个犯罪阴谋. 调查者非常有信心, 因为他们知道阴谋集团的几名成员, 但他们希望在逮捕之前找到主谋和其他同谋, 主谋和其他所有可能的同谋都在同一家公司的一个大的办公室工作. 这家公司成长很快, 并在开发和销售适用于银行和信用卡公司的计算机软件方面很有名气. ICM 最近得到了 82 个工人的一组通话记录, 他们认为这组通话记录能帮助他们找到最有可能的主谋和同谋. 由于这些信息涉及所有在该公司工作的职员, 所以很有可能这些信息中有一些 (或许很多) 通话人并不涉及该阴谋. 事实上, 他们确实知道一些人没有参与阴谋. 建模工作的目标是确定在这个复杂的办公室里谁最有可能是同谋人. 给出一个优先级列表是最理想的, 因为这时 ICM 可以根据列表来调查、监视和/或审问最有可能的嫌疑人. 一个划分非同谋者与同谋者的分类标准也是很有益的, 因为可以据此对每组人进行清楚地分类. 如果能提名主谋, 那么对于调查是非常有帮助的.

在把当前数据给你们团队之前, 你的上司给你以下情形 (称为调查 EZ), 那是几年前她在另一个城市工作时的案例, 她对自己在 EZ 案件的工作非常自豪. 她说这是一个非常小的简单的例子, 但它可以帮助你了解自己的任务. 她用到的数据如下 (此处略, 详见后面的英文题目原文).

你的上司介绍, 她只分配和编码了 5 个消息主题: 1) Bob 工作拖拉, 2) 预算, 3) 重要的未知问题, 可能是阴谋的一部分, 4) George 的压力, 5) 午餐和其他社会问题. 正如看到的消息编码, 一些消息根据内容分配了两个主题.

你的上司按照通信联系和消息类型构造了一个通信网络分析案件. 图 1 (此处略, 详见后面的英文题目原文) 是一个消息网络模型, 网络图上注明了消息的类型代码.

你的上司说, 除了已知的同谋 George 和 Dave 之外, 根据她的分析, Ellen 和 Carol 也是同谋. 后来, Bob 为了获得减刑, 自己招认参与其中. 而对 Carol 的指控被放弃了. 你的上司至今仍相当肯定 Inez 也参与其中, 但是却未对她立案. 你的上司建议你的团队, 确定有罪的当事人, 使得像 Inez 这样的人不能漏网, 像 Carol 这样的人不被诬告, 进而增加 ICM 的信用使得像 Bob 这样的人不再获得减刑机会.

现在的案件:

你的上司已经把目前的情况构造成了网状数据库, 它与上面有相同的结构, 只是范围较大. 调查发现一些线索表明一个阴谋正在发生: 挪用公司资金和使用网上诈骗盗窃与该公司做业务的顾客的信用卡资金. 她向你们展示的 EZ 案例只有 10 个人 (节点), 27 条边 (消息), 5 个主题, 1 个可疑/阴谋主题, 2 个确定的罪犯和 2 个清白者. 而这个新的案件有 83 个节点, 400 条边 (有些不止涉及一个主题), 超过 21000 个单词的消息记录. 15 个主题 (其中 3 个已被视为是可疑的), 7 个已知的罪犯和 8 个已知的清白者. 这些数据在所附的电子表格文件 Names.xls, Topics.xls 和 Messages.xls 中给出. Names.xls 包含办公室的关键节点和员工姓名, Topics.xls 包含 15 个主题的代码及简短描述, 出于安全和隐私考虑, 你的团队不会有所有消息的直接记录副本, Messages.xls 提供传输消息的节点连接信息和该信息所包含的主题编码, 有些消息包含最多 3 个主题. 为了使信息流可视化, 图 2(此处略, 详见后面的英文题目原文) 提供了员工和消息链接的网络模型. 在该情形下, 没有像图 1 那样显示消息主题, 而是在文件 Messages.xls 里给出消息数目, 在文件 Topics.xls 中给出描述.

要求 1: 到目前为止, 已经知道 Jean, Alex, Elsie, Paul, Ulf, Yao 和 Harvey 是罪犯, 也知道 Darlene, Tran, Jia, Ellin, Gard, Chris, Paige 和 Este 不是罪犯. 已知可疑的 3 个消息主题是 7, 11 和 13, 关于主题的更多信息在文件 Topics.xls 里. 建立模型和算法, 把 83 个节点按照是同谋的可能性的大小排序, 并解释你的模型和度量. Jerome, Delores 和 Gretchen 是该公司的高级经理, 知道他们 3 个人是否有人涉及犯罪是非常有意义的.

要求 2: 如果得到新信息, 主题 1 与阴谋有关并且 Chris 是罪犯, 那么优先列表有何变化?

要求 3: 与该信息流类似的一个强大的获取和理解文本信息的技术是语义网络分析. 作为人工智能和计算语言学的方法, 它提供了一个架构并可以进行有关知识或语言的推理过程. 另一个有关自然语言处理的计算语言学是文本分析. 针对我们的案件情况, 请解释, 如果你能获得原始信息, 那么如何对信息流的内容和上下文进行语义和文本分析, 能促使你的团队开发出更好的模型并对办公室人员更好地分类? 你有没有使用文件 Topics.xls 描述的内容来改进你的模型?

要求 4: 你的完整报告将最终提交给检署办公室, 所以一定要详细地陈述你的假设和方法, 但是不能超过 20 页. 你可以把程序作为附录放在单独的文件里, 它不受页数的限制, 附上程序不是必要的. 你的上司希望 ICM 是世界上解决白领高科技犯罪的最好的机构, 希望你的方法可以解决世界各地的重要案件, 特别是那些信息流非常大的数据库. (数千人, 数万条消息和数百万个单词.) 她特别要求你们讨论更深入的网络, 语义和消息的文本分析内容是如何帮助你推荐的模型. 作为报告的一部分, 请解释你用到的网络模型技术, 以及为什么和如何把它用到任何类型的网络数据库中, 进而确定、按优先级排序和对相似节点进行分类, 而不仅仅是犯罪阴谋和消息数据. 例如, 给你各种图像和化学数据, 其中标明了感染概率和已经确定的受感染节点, 你的方法能用来在生物网络中找到感染或者患病的细胞吗?

你的 ICM 团队上交的论文必须包含 1 页的摘要和不超过 20 页的解决方案, 这样论文最多是 21 页.

问题的原文如下:

Modeling for Crime Busting

Your organization, the Intergalactic Crime Modelers (ICM), is investigating a conspiracy to commit a criminal act. The investigators are highly confident they know several members of the conspiracy, but hope to identify the other members and the leaders before they make arrests. The conspirators and the possible suspected conspirators all work for the same company in a large office complex. The company has been growing fast and making a name for itself in developing and marketing computer software for banks and credit card companies. ICM has recently found a small set of messages from a group of 82 workers in the company that they believe will help them find the most likely candidates for the unidentified co-conspirators and unknown leaders. Since the message traffic is for all the office workers in the company, it is very likely that some (maybe many) of the identified communicators in the message traffic are not involved in the conspiracy. In fact, they are certain that they know some people who are not in the conspiracy. The goal of the modeling effort will be to identify people in the office complex who are the most likely conspirators. A priority list would be ideal so ICM could investigate, place under surveillance, and/or interrogate the most likely candidates. A discriminate line separating conspirators from non-conspirators would also be helpful to distinctly categorize the people in each group. It would also be helpful to the DA's office if the model nominated the conspiracy leaders.

Before the data of the current case are given to your crime modeling team, your supervisor gives you the following scenario (called Investigation EZ) that she worked on a few years ago in another city. Even though she is very proud of her work on the EZ case, she says it is just a very small, simple example, but it may help you understand your task. Her data follow:

The ten people she was considering as conspirators were: Anne#, Bob, Carol, Dave*, Ellen, Fred, George*, Harry, Inez, and Jaye#. (* indicates prior known conspirators, # indicate prior known nonconspirators)

Chronology of the 28 messages that she had for her case with a code number for the topic of each message that she assigned based on her analysis of the message:

Anne to Bob: Why were you late today? (1)

Bob to Carol: That darn Anne always watches me. I wasn't late. (1)

Carol to Dave: Anne and Bob are fighting again over Bob's tardiness. (1)

Dave to Ellen: I need to see you this morning. When can you come by? Bring the budget files. (2)

Dave to Fred: I can come by and see you anytime today. Let me know when it is a good time. Should I bring the budget files? (2)

Dave to George: I will see you later — lots to talk about. I hope the others are ready. It is important to get this right. (3)

Harry to George: You seem stressed. What is going on? Our budget will be fine. (2) (4)

Inez to George: I am real tired today. How are you doing? (5)

Jaye to Inez: Not much going on today. Wanna go to lunch today? (5)

Inez to Jaye: Good thing it is quiet. I am exhausted. Can't do lunch today — sorry! (5)

George to Dave: Time to talk — now! (3)

Jaye to Anne: Can you go to lunch today? (5)

Dave to George: I can't. On my way to see Fred. (3)

George to Dave: Get here after that. (3)

Anne to Carol: Who is supposed to watch Bob? He is goofing off all the time. (1)

Carol to Anne: Leave him alone. He is working well with George and Dave. (1)

George to Dave: This is important. Darn Fred. How about Ellen? (3)

Ellen to George: Have you talked with Dave? (3)

George to Ellen: Not yet. Did you? (3)

Bob to Anne: I wasn't late. And just so you know — I am working through lunch. (1)

Bob to Dave: Tell them I wasn't late. You know me. (1)

Ellen to Carol: Get with Anne and figure out the budget meeting schedule for next week and help me calm George. (2)

Harry to Dave: Did you notice that George is stressed out again today? (4)

Dave to George: Darn Harry thinks you are stressed. Don't get him worried or he will be nosing around.(4)

George to Harry: Just working late and having problems at home. I will be fine. (4)

Ellen to Harry: Would it be OK, if I miss the meeting today? Fred will be there and he knows the budget better than I do. (2)

Harry to Fred: I think next year's budget is stressing out a few people. Maybe we should take time to reassure people today. (2) (4)

Fred to Harry: I think our budget is pretty healthy. I don't see anything to stress over. (2)

END of MESSAGE TRAFFIC

Your supervisor points outs that she assigned and coded only 5 different topics of messages: 1) Bob's tardiness, 2) the budget, 3) important unknown issue but assumed to be part of conspiracy, 4) George's stress, and 5) lunch and other social issues. As seen in the message coding, some messages had two topics assigned because of the content of the messages.

The way your supervisor analyzed her situation was with a network that showed the communication links and the types of messages. The following figure is a model of the message network that resulted with the code for the types of messages annotated on the network graph.

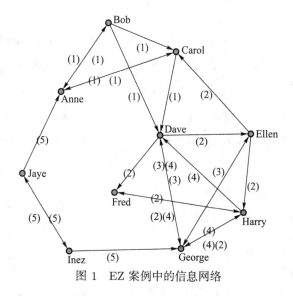

图 1　EZ 案例中的信息网络

Your supervisor points out that in addition to known conspirators George and Dave, Ellen and Carol were indicted for the conspiracy based on your supervisor's analysis and later Bob self-admitted his involvement in a plea bargain for a reduced sentence, but the charges against Carol were later dropped.

Your supervisor is still pretty sure Inez was involved, but the case against her was never established.

Your supervisor's advice to your team is identify the guilty parties so that people like Inez don't get off, people like Carol are not falsely accused, and ICM gets the credit so people like Bob do not have the opportunity to get reduced sentences.

The current case:

Your supervisor has put together a network-like database for the current case, which has the same structure, but is a bit larger in scope. The investigators have some indications that a conspiracy is taking place to embezzle funds from the company and use internet fraud to steal funds from credit cards of people who do business with the company. The small example she showed you for case EZ had only 10 people (nodes), 27 links (messages), 5 topics, 1 suspicious/conspiracy topic, 2 known conspirators, and 2 known non-conspirators. So far, the new case has 83 nodes, 400 links (some involving more than 1 topic), over 21,000 words of message traffic, 15 topics (3 have been deemed to be suspicious), 7 known conspirators, and 8 known non-conspirators. These data are given in the attached spreadsheet files: Names.xls, Topics.xls, and Messages.xls. Names.xls contains the key of node number to the office workers' names. Topics.xls contains the code for the 15 topic numbers to a short description of the topics. Because of security and privacy issues, your team will not have direct transcripts of all the message traffic. Messages.xls provides the links of the nodes that transmitted messages and the topic code numbers that the messages contained. Several messages contained up to three topics. To help visualize the message traffic, a network model of the people and message links is provided in Figure 2.

In this case, the topics of the messages are not shown in the figure as they were in Figure 1. These topic numbers are given in the file Messages.xls and described in Topics.xls.

Requirements:

Requirement 1: So far, it is known that Jean, Alex, Elsie, Paul, Ulf, Yao, and Harvey are conspirators. Also, it is known that Darlene,

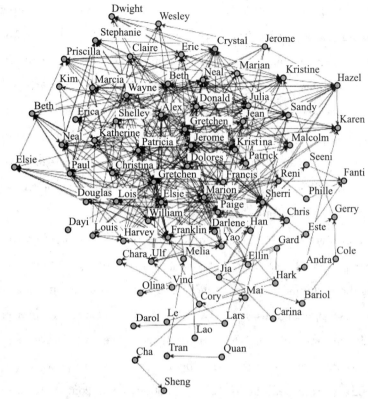

图 2 83 个人 (节点) 和这些人之间的 400 条信息 (连接) 的可视化网络模型

Tran, Jia, Ellin, Gard, Chris, Paige, and Este are not conspirators. The three known suspicious message topics are 7, 11, and 13. There is more detail about the topics in file Topics.xls. Build a model and algorithm to prioritize the 83 nodes by likelihood of being part of the conspiracy and explain your model and metrics. Jerome, Delores, and Gretchen are the senior managers of the company. It would be very helpful to know if any of them are involved in the conspiracy.

Requirement 2: How would the priority list change if new information comes to light that Topic 1 is also connected to the conspiracy and that Chris is one of the conspirators?

Requirement 3: A powerful technique to obtain and understand text information similar to this message traffic is called semantic network analysis; as a methodology in artificial intelligence and computational linguistics, it provides a structure and process for reasoning about knowledge or language. Another computational linguistics capability in natural language processing is text analysis. For our crime busting scenario, explain how semantic and text analyses of the content and context of the message traffic (if you could obtain the original messages) could empower your team to develop even better models and categorizations of the office personnel. Did you use any of these capabilities on the topic descriptions in file Topics.xls to enhance your model?

Requirement 4: Your complete report will eventually go to the DA so it must be detailed and clearly state your assumptions and methodology, but cannot exceed 20 pages of write up. You may include your programs as appendices in separate files that do not count in your page restriction, but including these programs is not necessary. Your supervisor wants ICM to be the world's best in solving whitecollar, high-tech conspiracy crimes and hopes your methodology will contribute to solving important cases around the world, especially those with very large databases of message traffic (thousands of people with tens of thousands of messages and possibly millions of words). She specifically asked you to include a discussion on how more thorough network, semantic, and text analyses of the message contents could help with your model and recommendations. As part of your report to her, explain the network modeling techniques you have used and why and how they can be used to identify, prioritize, and categorize similar nodes in a network database of any type, not just crime conspiracies and message data. For instance, could your method find the infected or diseased cells in a biological network where you had various kinds of image or chemical data for the nodes indicating infection probabilities and already identified some infected nodes?

*Your ICM submission should consist of a 1 page Summary

Sheet and your solution cannot exceed 20 pages for a maximum of 21 pages.

6.1.2 问题的背景资料

犯罪, 是一类概念很广的社会行为. 对于检查部门, 在侦查与分析犯罪时所面临的一个重要问题就是怎样高效、准确地分析海量犯罪信息[1].

随着信息技术的飞速发展, 越来越多的金融犯罪开始出现在人们的视线中. 不久前德国的一项报告显示, 仅 2007—2009 年所侦测到的关于信用卡的金融犯罪就比以往增加了 345 例[2]. 近年来, 一种针对这样的犯罪较为普遍的侦查方法被称为 "社会网络分析法" (social network analysis, SNA). 这种方法可以被看成是将数学的观点与社会学、犯罪学相结合的一种创新, 它可以揭示那些潜伏于犯罪网络下的有组织的犯罪行为[3].

社会网络分析是网络科学的一部分。网络科学是一门吸引众多科学家感兴趣的交叉学科, 它包含的科学领域有复杂自适应系统、合作博弈理论、基于事件的建模理论、数据分析和社会网络分析等. 网络科学可以认为是应用数学的一种形态, 它主要是动态图理论和数据分析理论的结合. 网络建模可以更准确地描述真实世界的复杂性, 这也是近年来 ICM 关注网络科学的原因.

社会网络分析是研究一组行动者关系的研究方法. 一组行动者可以是人、社区、群体、组织、国家等, 他们的关系模式反映出的现象或数据是网络分析的焦点. 社会网络分析法是一种社会学研究方法, 社会学理论认为社会不是由个人而是由网络构成的, 网络中包含节点及节点之间的关系, 社会网络分析法通过对网络中关系的分析, 探讨网络的结构及属性特征, 包括网络中的个体属性及网络整体属性。网络个体属性包括: 节点的度、中心度、接近中心度等; 网络整体属性包括小世界效应、小团体研究、凝聚子群等.

社会网络分析可以解决或者尝试解决如下问题[4,5]:

(1) 人际传播问题, 发现舆论领袖, 创新扩散过程;

(2) 小世界理论, 六度空间分割理论;

(3) Web 分析, 数据挖掘中的关联分析, 形成交叉销售、增量销售, 也就是啤酒和尿布的故事;

(4) 社会资本, 产业链与价值链;

(5) 文本的意义输出, 通过追问调查研究文本的关联和意义;

(6) 竞争情报分析;

(7) 语言的关联, 符号意义;

(8) 相关矩阵或差异矩阵的统计分析, 类似得到因子分析和多维标度法分析;

(9) 恐怖分子网络;

(10) 知识管理与知识的传递, 弱关系的力量;

(11) 引文和共引分析。

2012 年共有 1329 个队完成了该赛题的解答, 其中 7 个队的论文获得特等奖 (Outstanding Winner), 4 个队获得特等奖提名奖 (Finalist), 125 个队的论文获得一等奖 (Meritorious), 640 个队的论文获得二等奖 (Honorable Mention), 553 个队的论文获得成功参赛奖 (Successful participation). 7 个特等奖队中有 6 个队来自中国高校, 1 个队来自美国高校.

6.2　问题的数学模型与结果分析

6.2.1　模型一: 基于社会网络分析理论的犯罪网络侦测方案设计

本小节采用社会网络分析及其相关方法来分析犯罪网络[6], 以确定可能的犯罪集团. 在分析完一个犯罪组织具有的一些最基本的特征后, 作者将一个人与当前所确定的犯罪分子之间的联络密切程度作为是否应该将这个人评判为阴谋参与人之一的最主要指标. 通过引入 "合作因子" 与 "合作距离" 两个衡量参数, 构建出对网络分析的基本模型. 在对所有人的合作距离进行升序排序后, 排名最前的便是最有可能的阴谋参与者, 合作距离最长的人可以被认为可能与犯罪组织有最不紧密的联系, 因此他们也就最不可能成为嫌疑人. 作者的模型最终给出了一个有 12 个成员的犯罪集团的分析结果.

在确定犯罪集团的领导者之前, 先对这个网络中每个人的领导能力进行一个定性的量化. 中心度分析法提供了一个非常理想的方法来确定一个网络的中心点结构. 这里对中心度分析法做了一些改动以使这种方法适合该案例, 同时对中心度分析中的 3 个指标: 接近中心度、介数中心度及出入度中心度做了一个综合, 并得出了综合之后的数值. 通过对这个综合指标的值进行排序, 最终确定了犯罪集团中可能的领导人员.

在模型改进与拓展部分, 作者进一步运用了语义网络分析与文本分析法, 分析结果更为精确. 为了更全面地揭示一个话题的本质特征, 在运用社会网络分析法构建出一个语义网络之后, 运用中心度分析法进行数据处理, 最终得出模型改进后最终的结果. 在文本分析法中, 作者构造了一个向量空间模型来分析话题, 并将最后结果与之前的结果进行比较, 提出了对模型优缺点的一些认识.

最后, 讨论了这套模型在其他领域中的运用. 根据在模型结果处理部分得到的结论, 作者认为该模型在足够大的数据量的条件下会有更准确的结果, 同时由于该模型的结构符合逻辑的合理性与严密性, 所以有理由相信其可以被运用到更为广泛的网络分析中.

1. 基于数据挖掘方法的侦查方案

(1) 一些定义

在讨论具体问题之前, 先介绍几个相关的定义.

假设多重图 $G = (V, E)$ 是一个社交网络, 其中 V 表示顶点的集合, E 表示边的集合. 在这个图中, 一个顶点表示一个个体, 一条边表示通过两个不同个体间的一条具有某个主题的消息. 于是根据不同的话题将这些个体分成不同的团体.

设 $G = (V', E')$ 是一个关于 G 的超图, 其中 V' 代表超节点的集合, E' 代表超边的集合[7]. 每一个超节点 P_i^i 代表图 G 中的话题 i; 同时, 如果在图 G 中两个不同的话题 (超节点) 有相同个体 (节点), 则在对应的超图中, 就一条超边连接对应的超节点 (话题). 超边的权重即为共同个体的个数.

图 6-1 和图 6-2 展示了一个多重图到其对应超图的 "对应" 过程. 其中, 多重图中的节点可被看成是一些个体, 超图中的超节点可被对应于实际的话题. 所以, 一个犯罪网络中的犯罪侦查问题可转化为: 给定一个多重图 $G = (V, E)$ 和可疑人物名单 $Q = \{q_1, q_2, \cdots, q_i\}$, 寻找出所有与 Q 至少有一个共同元素的可能子集, 同时对这样的集合类根据其与 Q 的相关程度排序.

(2) 模型解释

犯罪网络的节点由人与人之间的信息传递相联系. 每一则消息都包含了非常多的内容在其中. 在这个案例中, 作者将注意力集中在 3 个方面: 话题、消息的传播方向及涉及人员. 最大问题就是如何将这些因素融合在一起综合考察.

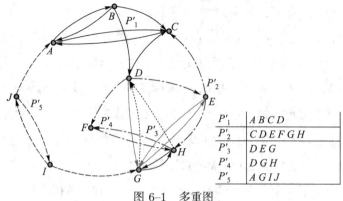

图 6–1　多重图

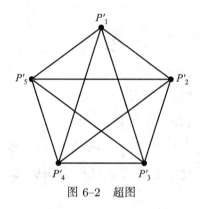

图 6–2　超图

在此, 希望有这样一种网络结构: 每一个节点都表示一个消息话题, 每一条边都代表话题所涉及的人员. 运用上面所给出的定义, 这个网络结构可以用超图表示. 当一个人将他的注意力从一个话题转移到另一个话题时, 可以看作这个人"流经"相关的话题 (节点), 这样, 整个图就会流动起来.

在进一步介绍模型之前, 需要先对收集到话题的相似程度进行定性分析, 这里运用合作因子 (Cooperation Factor)[7] 来处理话题中潜在的相互关系.

定义 6.1　合作因子　在超图 $G' = (V', E')$ 中, 超节点 P'_i 和 P'_j 之间的合作因子为

$$CF(S', V'_i, V'_j) = \frac{2 \times N_c(P'_i, P'_j)}{N_t(P'_i, P'_j)}, \quad CF \in [0, 1] \tag{6.1}$$

其中: N_c 表示超节点 P'_i 和 P'_j 中共有的原图中节点个数; N_t 表示超节点 P'_i 和 P'_j 中包含原图中所有节点的个数.

很明显, 不可能所有阴谋的参与者都会直接彼此联系, 但是出于安全的考虑, 他们必须紧密联系. 将这个特点运用到模型中, 需要再定义一个合作距离 (Cooperation Distance Mertic)[7].

定义 6.2 合作距离 在一个对应原图有 i 个人 (记为 $Q = \{q_1, q_2, \cdots, q_i\}$) 的超图 $G' = (V', E')$ 中, v^* 是原图 G 中的任意一个节点, V 是原图 G 中所有节点的集合. 那么原图中关于点 v^* 的合作距离可以表示为

$$CD(S', v^*, V) = \frac{\sum_{i=1}^{|Q|} \text{ShortestPath}(S', v^*, q_i)}{|Q|} \tag{6.2}$$

其中: 当 q_i 和 v^* 属于同一个超节点时, 最短路径 (S', v^*, q_i) 的值为 0, 反之, 最短路径 (S', v^*, q_i) 的值为以 CF 为衡量尺度的 v^*, q_i 间最短路径长度.

由以上定义可知, CF 值衡量了两个不同话题之间的相关程度, 那么 1–CF 值就表现了两者的不相关程度. 这里挑选出可疑的话题作为基点, 将其与其他不能确定性质的话题进行比较, 依次定量地对剩余话题赋予不同的权值, 如此就可以得出上述定义下的最短路径算法, 从而计算出每一个不能确定身份人员的合作距离. 可以认为有着最短合作距离的人员与所要确定的犯罪组织之间有着最紧密的联系, 这就意味着他们或许也是这个犯罪组织中的一员.

(3) 数据实践与结果检查

对于题目中的简单案例, 将其所有数据都以上述定义进行计算, 可以对每个点的合作距离进行排序. 表 6–1 为计算得到的合作距离及其排名, 反映出了一个个体是犯罪分子的可能性大小.

表 6–1 简单案例中的合作距离及排名

姓名	合作距离	排名	姓名	合作距离	排名
Dave	0.0000	1	Harry	0.3333	4
George	0.0000	1	Bob	0.7143	7
Ellen	0.0000	1	Inez	0.7143	7
Carol	0.3333	4	Anne	1.0476	9
Fred	0.3333	4	Jaye	1.4286	10

根据分析可知, 表中合作距离为 0.0000 的 3 个人有最大可能性是犯罪嫌疑

人, 而其中恰好有 2 人已经被确定为犯罪嫌疑人, 说明该方法有一定的可行性. 但是 Carol 还是有可能会被误判为犯罪嫌疑人, 同时也可能会遗漏 Bob.

为了确定一条可以区分无辜者与嫌疑人的线, 作者计算了表中相邻两个个体之间合作距离的差异, 选出绝对值最大的一对个体. 在合作距离差异最大的两个个体之间画一条线, 这条线就可以看作区分无罪和有罪的人的边界, 见图 6-3. 因为有关犯罪的信息必然只是在一个小的团体内流动, 所以按合作距离差异最大画线是合理的.

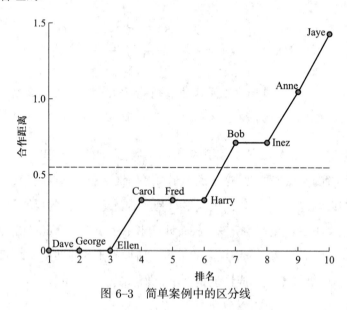

图 6-3 简单案例中的区分线

2. 针对现行问题的研究

现在, 需要分析一个由 83 人构成的网络, 其中包含 400 多条谈话信息, 约 21000 字的信息量. 在这个网络中, 开始时只知道有 15 个话题, 7 人可以确定是犯罪嫌疑人, 8 人可以确定不是犯罪嫌疑人. 同时作者对人名重复的情况, 通过标以不同的数字进行区分. 基于上面提出的分析方法, 可以计算出每一个人的合作距离, 并对其以升序排列. 从而得出所有人作为犯罪嫌疑人可能性的大小顺序排列. 为了节约篇幅, 这里只列出前 40 人, 如表 6-2 所示.

(1) 员工的犯罪可能性次序表

首先计算出了每一对相邻节点间的 CF 值, 从而得出各条边之间的相关程度. 因为一共有 3 个话题, 所以通过给其赋以相同的权值, 将其综合为一个因素进行综合讨论. 对各个点运用一般的最短路径算法, 以 CF 为衡量尺标的合作距离就可以一一得出. 关于 3 个已确定的可疑话题的结果见表 6-2 和图 6-4.

表 6-2　问题 1 的合作距离 (由小到大, 这里仅列出 40 人)

姓名	合作距离	姓名	合作距离	姓名	合作距离	姓名	合作距离
Elsie	0.0000	Yao	0.0000	Paige	0.2859	Douglas	0.4420
Jean	0.0000	Stephanie	0.2265	Neal	0.2859	Crystal	0.4480
Alex	0.0000	Kim	0.2265	Priscilla	0.2859	Claire	0.4480
Elsie	0.0000	Beth	0.2265	Kristina	0.3641	Jerome	0.4480
Paul	0.0000	Seeni	0.2265	Sherri	0.3641	Darlene	0.4800
Harvey	0.0000	Dolores	0.2340	Franklin	0.3641	Patricia	0.4525
Ulf	0.0000	Marion	0.2340	Marcia	0.3641	Jia	0.4525
Cha	0.0000	Dwight	0.2340	Jerome	0.4224	Neal	0.4584
Sheng	0.0000	William	0.2340	Louis	0.4224	Melia	0.4585
Darol	0.0000	Lars	0.2340	Beth	0.4420	Francis	0.4605

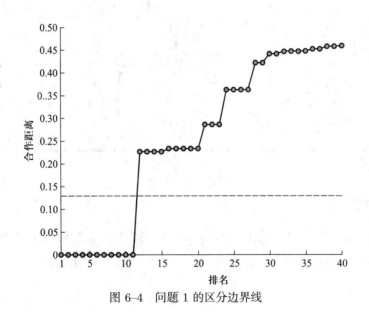

图 6-4　问题 1 的区分边界线

注意到最上面的 11 个人有着相同的合作距离, 换句话说, 有理由相信, 作为嫌疑犯, 他们有着相同的可能性. 而通过对 7 个不同话题的相同的检验结果, 也进一步论证了该方法的合理性.

更进一步, 与上文小网络中确定区分线的方法相同, 通过比较相邻节点之间合作距离的差异程度, 确定出了一条区分无辜者与可疑人的线. 从而, 可以确定表 6–2 中的前 11 人为可疑人员.

(2) 针对拥有更加精确信息的大图网络分析

可以看出, 已知的犯罪人员也同样可以用上述的方法确定, 这样的结果是十分有用的. 于是, 对于相同的图, 可以加入另外一些已知信息来提高结果的准确度. 如 Chris 也被认为是犯罪嫌疑人, 话题 1 也被认可时, 重新计算 15 个话题间的相关程度, 进而再次计算出各个节点的合作距离, 更新可能性排名序列. 同样, 以相同的方法再次划出无辜者与嫌疑人之间的边界. 对应的结果显示在表 6–3 与图 6–5 中.

表 6–3 问题 2 的部分次序表

姓名	合作距离	姓名	合作距离	姓名	合作距离	姓名	合作距离
Chris	0.0000	Darol	0.0000	Beth	0.2877	Franklin	0.3525
Elsie	0.0000	Yao	0.0000	Paige	0.3362	Marcia	0.3525
Jean	0.0000	Dolores	0.2869	Neal	0.3362	Gretchen	0.3525
Alex	0.0000	Marion	0.2869	Priscilla	0.3362	Douglas	0.3525
Elsie	0.0000	Dwight	0.2869	Crystal	0.3511	Claire	0.4294
Paul	0.0000	William	0.2869	Lois	0.3511	Jerome	0.4294
Harvey	0.0000	Lars	0.2869	Ellin	0.3511	Louis	0.4294
Ulf	0.0000	Seeni	0.2869	Han	0.3511	Darlene	0.4294
Cha	0.0000	Stephanie	0.2877	Kristina	0.3525	Jerome	0.4299
Sheng	0.0000	Kim	0.2877	Sherri	0.3525	Beth	0.4549

3. 搜寻主谋

对于一个具有良好组织的犯罪网络, 由于其复杂度较高, 很难直接找到它所有的主谋. 但可以依据文献 [6,7] 建立一个鉴定体制, 去确认更可能是主谋的嫌犯.

(1) 中心度分析方法

在社会网络分析方法中, 有 3 种评价中心度的标准被广泛使用.

① 介数中心度 (Betweenness Centrality). 通过求得有向图上任意两点间的最短路径, 可以得出一个节点 i 的中介中心度, 即此图中通过点 i 的最短路径的

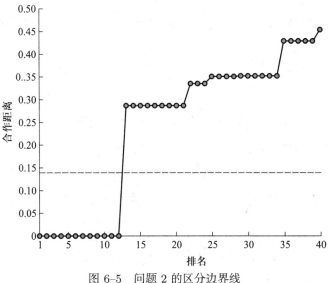

图 6-5 问题 2 的区分边界线

条数:

$$C_B(i) = \frac{g_{jk}(i)}{g_{jk}},\tag{6.3}$$

其中 g_{jk} 代表图中任意两点间的最短路径数条数, $g_{jk}(i)$ 代表通过 i 点的所有最短路径数条数.

② 接近中心度 (Closeness Centrality). 有向图中一点的接近中心度就是它到图中其他任意一点的最短路程之和:

$$C_C(i) = \left[\sum_{j}^{N} d(i,j)\right]^{-1},\tag{6.4}$$

其中 $d(i,j)$ 表示任意两点间的最短路程.

③ 度中心度 (Degree Centrality). 一个节点的出入度被定义为一点的出连接数或入连接数[8], 如下所示:

$$k_i = C_D^X(i) = \sum_{j}^{N} x_{ij},\tag{6.5}$$

其中 i 代表中心节点, j 表示网络中其他节点, N 代表节点的数目, $x_{ij} = \{0,1\}$ 代表邻接矩阵的连通性 (1 为连通, 0 为不连通). 然而, 一些研究者也曾提出将 $x_{ij} =$

$\{0,1\}$ 换成带权的邻接矩阵, 建立起一种称作 "强度中心度" 的衡量标度[9-12]:

$$s_i = C_D^W(i) = \sum_{j}^{N} w_{ij}, \tag{6.6}$$

其中 i 代表中心节点, j 表示网络中其他节点, N 代表节点的数目, w_{ij} 代表邻接矩阵的连通性 (连通时值为权值, 不连通时为 0).

这里, 引入调整参数 α 将出入度与强度整合起来, 并建立一种新的评价手段[13]:

$$C_D^{W\alpha}(i) = k_i \times \left(\frac{s_i}{k_i}\right)^{\alpha} = k_i^{(1-\alpha)} \times s_i^{\alpha}, \tag{6.7}$$

其中 α 是一个正值, 其大小可以视需求而定; 当 α 取值从 0 到 1 时, 值趋向于变大, 反之变小. 在分析犯罪网络时, 取 α 为 0.5.

犯罪团伙的主谋可以结合一种或几种鉴定标度检测出来, 但是门卫和接待员这种极端的情况存在的可能性还是非常大的[14]. 从得到的结果来看, 此方法具有一定的精确性并且容易使用[15].

(2) 结果分析

根据不同的鉴定方法可列出不同的嫌疑度排名表, 但却无法确定哪张表对确认主谋最具价值. 尽管这三种方法在鉴定一个人是否有主谋嫌疑上有很好的效果, 但仍存在一些瑕疵:

① 度中心度不能考虑到网络的整体架构, 因而会导致不可避免的误判[16,17];

② 接近中心度对网络孤立点 (在有向图中, 就是单向孤立点, 即 "只进不出" 或 "只出不进") 的判别无能为力[13];

③ 在一些特定情况下, 比如一点没有被其他点之间的最短路径通过, 介数中心度判定就不太适用.

作者将他们排名按百分比等权的形式, 形成一个综合指标作为嫌疑度的鉴定结果. 表 6-4 列出了度中心度分析法的部分结果, 表 6-5 列出了综合指标给出的结果, 它给出了嫌疑度前 40 的排名. 嫌犯应该是那些对整个网络能产生重要影响的人, 如某些公司高管. 综合表 6-2、表 6-3 嫌疑度分析, 有理由认为犯罪团伙的主谋是 Alex.

表 6-4 度中心度分析法的部分结果

姓名	度中心度	接近中心度	介数中心度	姓名	度中心度	接近中心度	介数中心度
Chris	7.905	0.010	0.034	Dolores	8.396	0.012	0.091
Kristina	8.743	0.011	0.045	Francis	7.737	0.011	0.079
Paige	14.477	0.013	0.063	Sandy	8.927	0.012	0.058
Sherri	13.013	0.012	0.088	Marion	7.254	0.013	0.086
Gretchen	8.599	0.014	0.064	Beth	8.546	0.012	0.044
Karen	6.433	0.013	0.047	Julia	12.956	0.013	0.100
Patrick	7.497	0.012	0.042	Jerome	4.469	0.009	0.042
Elsie	11.959	0.012	0.100	Neal	10.915	0.014	0.061
Hazel	9.000	0.011	0.064	Jean	11.336	0.012	0.074
Malcolm	6.559	0.011	0.052	Kristine	8.975	0.012	0.085

表 6-5 综合指标给出的结果

姓名	综合指标	排名	姓名	综合指标	排名
Franklin	0.0763	1	Yao	0.3494	21
Julia	0.0803	2	Eric	0.3574	22
Alex	0.0884	3	Crystal	0.3695	23
Gretchen	0.0884	4	Wayne	0.3735	24
Darlene	0.0964	5	Francis	0.3775	25
Jerome	0.1406	6	Stephanie	0.3855	26
Elsie	0.1566	7	Hazel	0.3896	27
Paige	0.1606	8	Karen	0.3936	28
Sherri	0.1647	9	Christina	0.4016	29
Gretchen	0.1928	10	Beth	0.4096	30
Kristine	0.1968	11	Lois	0.4257	31
Neal	0.2008	12	William	0.4257	32
Dolores	0.2088	13	Beth	0.4297	33
Jean	0.2088	14	Kristina	0.4337	34
Marion	0.2570	15	Louis	0.4337	35
Donald	0.2610	16	Dwight	0.4498	36
Paul	0.2610	17	Harvey	0.4578	37
Patricia	0.2610	18	Elsie	0.4699	38
Neal	0.3173	19	Patrick	0.4779	39
Sandy	0.3414	20	Malcolm	0.4940	40

4. 模型优化

为了使该模型在处理问题时能产生更好的效果, 重新考虑对每个话题设置的权值. 在之前的工作中, 作者仅仅给重要的话题一个随机且相等的初始值, 对于其他变量则要通过计算它们的相关性给出. 然而, 这个定量过程并不能给出满意的精确解. 要克服这一缺陷, 可将注意力放到更加具有技术性的语义网络分析 (Semantic Network Analysis, SNA) 和文本分析 (Text Analysis) 方法上.

(1) 语义网络分析

在介绍语义网络分析之前, 先了解一下语义网络的概念. 语义网络其实也是一种网络, 它通过网络结构中相互联系的节点和边表示各个概念之间的语义联系[18]. 近年来 SNA 方法快速发展, 已被广泛应用于构建关系网络[19]. 在当前案例中, 需要首先分析 "犯罪" 最基础的概念, 然后运用语义网络理论构建一个能体现犯罪各个概念相互关系的多重图[20]. 在这里, 作者将语义网络分析方法连同上文所提及的度中心度分析法一并运用到模型中.

在一个基于语义网络概念构建起来的多重图中, 所有节点可分为两类: 概念集和属性特征集. 正如字面意思一样, 一个概念可以含有多个属性, 而属性不同的集合也可以表达不同的概念. 一个属性特征可以用来描述多个不同的概念, 而其中有些概念却具有某个特定的属性. 利用概念和属性之间的这些关系构建一个适于当前案例的语义网络, 以便使这些概念可以被人工智能系统所识别, 构建语义网络的规则如图 6-6 所示[20].

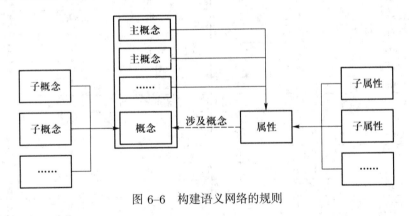

图 6-6　构建语义网络的规则

语义网络中的关系可以概括为:

① 如果概念 C_1 是 C_2 的一个子概念, 那么存在一条从 C_1 指向 C_2 的有向边;

② 如果属性 P_1 是 P_2 的一个子属性, 那么存在一条从 P_1 指向 P_2 的有向边;

③ 每个主要概念节点和其相应属性节点间应当有一条从概念节点到属性节

点的有向边;

④ 每个属性节点到涉及该属性的所有概念之间应连接有向边.

在作者所设计的侦破方案中, 首先将谈话主题看成是语义网络中的 "概念", 将关键字看成是语义网络的 "属性". 可以利用中心度分析中的指标来评估犯罪网络中一个话题的重要程度, 比如介数中心度、接近中心度和出入度中心度. 因为这三者组合值较高的话题可以被认为在这次密谋中有更重要的可能性, 所以可以在所测得的可能性水平的基础上, 根据消息的具体内容和其所处语境为每个话题确定权值.

在重新计算各个话题的权值之后, 得到了可能更接近真相的数据. 犯罪可能性最高的前 40 名见表 6–6.

表 6–6　语义网络分析的部分结果

姓名	合作距离	姓名	合作距离	姓名	合作距离	姓名	合作距离
Chris	0.0000	Darol	0.0000	Lars	0.7437	Louis	0.9474
Elsie	0.0000	Yao	0.0000	Seeni	0.7437	Neal	0.9506
Jean	0.0000	Crystal	0.7423	Paige	0.7445	Jerome	0.9506
Alex	0.0000	Lois	0.7423	Neal	0.7445	Douglas	0.9506
Elsie	0.0000	Ellin	0.7423	Priscilla	0.7445	Melia	0.9506
Paul	0.0000	Han	0.7423	Stephanie	0.7485	Kristine	0.9597
Harvey	0.0000	Dolores	0.7437	Kim	0.7485	Shelley	0.9597
Ulf	0.0000	Marion	0.7437	Beth	0.7485	Donald	0.9597
Cha	0.0000	Dwight	0.7437	Sherri	0.9474	Carina	0.9597
Sheng	0.0000	William	0.7437	Jerome	0.9474	Patrick	0.9770

(2) 文本分析

一个大的文本数据库可能包含大量的数据信息, 因为文本数据库本身就是一个复杂的、包含有大量信息的数据集合[21]. 为了从消息中提取有价值的信息, 可以根据文本分析理论, 构造一个向量空间模型来估计各种主题的重要性.

不同于语义网络分析对话题信息的提炼, 文本分析旨在突出关键字在话题定性中的作用. 在对各个话题的重要性进行详细分析之前, 首先应当建立文字和各话题的相似度之间的联系. 因此引入 "特征项权重" 方法, 以量化特定主题中各关键字的影响作用[22].

定义 6.3　特征项权重　特征项权重 w_{ik} 表示了特征项 T_k 对文本 D_i 的重要程度:

$$w_{ik} = \frac{tf_{ik} \times \log_2(N/df_k)}{\sqrt{\sum\limits_{T_k \in D_i}[tf_{ik} \times \log_2(N/df_k)]^2}}, \tag{6.8}$$

其中, tf_{ik} 表示文本 D_i 中特征项 T_k 出现的次数; df_k 表示含有特征项 T_k 的文本数量, df_k 值越高意味着 T_k 用来区分不同种类文本的能力就越小; N 为总的文本数; $idf_k = \log_2(N/df_k)$ 为逆向文本频率, idf_k 越高意味着特征项 T_k 对于文本的区分能力越大.

定义 6.4 文本相似度 文本的相似度可通过相关的向量间的夹角余弦来计算[23]:

$$Sim(\boldsymbol{d}_i, \boldsymbol{d}_j) = \frac{\sum\limits_{k=1}^{n} w_{ij} \times w_{jk}}{\sqrt{\left(\sum\limits_{k=1}^{n} w_{ik}^2\right)\left(\sum\limits_{k=1}^{n} w_{jk}^2\right)}}, \tag{6.9}$$

其中, $\boldsymbol{d}_i = (w_{i1}, w_{i2}, w_{i3}, \cdots, w_{in})$ 是文本 D_i 在向量空间中的向量表示, w_{ik} 为特征项.

通过上述定义可知, 可以利用 Sim 值来得到更精确的主题权值. 在当前案例中, 运用文本分析法来确定每一个话题的权值, 最后得到一个类似表 6-3 的重新排序表 6-7. 可以很惊讶地发现, 其中可能的犯罪团伙成员仍是相同的, 只是一些无辜人员的合作距离指标有了细微的变动. 如果有更多可用的数据, 该模型会得到更好的结果.

表 6–7 文本分析的部分结果

姓名	合作距离	姓名	合作距离	姓名	合作距离	姓名	合作距离
Chris	0.0000	Darol	0.0000	Dolores	0.9271	Stephanie	0.9271
Elsie	0.0000	Yao	0.0000	Marion	0.9271	Gretchen	0.9271
Jean	0.0000	Crystal	0.9174	Beth	0.9271	Kim	0.9271
Alex	0.0000	Lois	0.9174	Julia	0.9271	Jerome	0.9271
Elsie	0.0000	Ellin	0.9174	Jerome	0.9271	Shelley	0.9271
Paul	0.0000	Han	0.9174	Neal	0.9271	Priscilla	0.9271
Harvey	0.0000	Kristina	0.9271	Franklin	0.9271	Beth	0.9271
Ulf	0.0000	Paige	0.9271	Claire	0.9271	Douglas	0.9271
Cha	0.0000	Sherri	0.9271	Marcia	0.9271	Patricia	0.9271
Sheng	0.0000	Patrick	0.9271	Dwight	0.9271	Louis	0.9271

6.2.2 模型二: 拓展的犯罪网络分析模型

这里[24] 的主要目标是建立一个模型完成第一个任务: 根据工作人员是犯罪团伙一员的可能性按优先次序排列同一家公司的 83 名人员 (见图 6-7). 本节首先根据先前的研究结果, 分析排序问题. 接下来, 结合网络中的节点和连接信息, 以 SNA 为基础建立拓展的犯罪网络分析模型. 之后逐个确定参数, 计算出结果. 最后, 将该模型与费希尔判别进行比较, 结果显示了该模型的优越性.

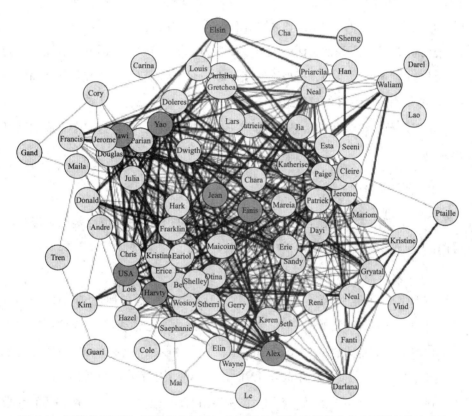

图 6–7 网络的概要图, 深色节点是已知的同谋者, 颜色较深的边代表可疑的信息交流

1. 问题分析

在这个问题中, 需要排列其余 68 人的可疑次序并确定其中的主谋. 根据已有信息, 这个问题可以归结为拓展的犯罪网络问题. 为了解决这个问题, 可以定义指标去评估一个身份不明的工作人员被认为是同谋者的可能性, 并且按优先次序排列出其余工作人员的可能性.

指标可以从两个角度确定: 网络和实际观点. 首先, 因为这个问题可以被提炼成一个社会网络问题, 从图论的观点, 可以考虑在文献 [8] 中提及的几个指标: 度、介数及中心性. 在这个观点下, 更多的注意力集中在网络中的节点, 因此, 称它为节点的度. 有很多考虑节点的度的模型, 这里作者通过调整那些模型来建立自己的模型.

其次, 在实际问题中, 可以注意到, 一个身份不明的工作人员被认为是同谋者的可能性大小可以由他的谈话主题、经常通话的人以及谈话方向决定. 网络的边代表网络中不同节点之间的信息流动. 简单的比较表明, 谈话主题的类型可以由边的权重代表, 经常通话的人可以被视为已知的节点, 谈话方向可以被认为是边的方向. 这些观点的分析被称作连接等级. 因为没有找到研究相似问题的论文, 作者采用自己定义的权值解决.

可以从节点等级和连接等级全面考虑该问题. 最后, 结合这两个方面的因素建立模型.

2. 模型建立

为了更加清晰方便地描述问题, 我们将模型的建立分成节点等级和连接等级两部分, 这两部分将在下面的内容中详细介绍.

(1) 节点等级

在网络中, 中心性经常用来指示节点的重要程度. 简单地说, 节点的中心性越大越值得注意. 在犯罪网络中, 主谋可以直接由中心性确定. 本模型中, 中心性也代表员工的重要程度, 大的中心性值代表高的职位. 但是必须解释的是这里的 "职位" 不代表犯罪团伙中的职位, 而是代表网络中节点的重要程度.

一个犯罪网络由节点、连接和团体构造. 目前有很多关于犯罪网络的研究报告, 大多数研究注重侦查以及描述节点等级和团体等级, 也有一些注重连接的重要性. 然而, 因为如下一些原因这些研究都不适合解决这个问题:

① 网络中所有的人都被认定为罪犯. 然而, 本问题的网络混合了嫌疑人、无辜者以及身份不明的人.

② 信息传递在大多数研究中是间接的, 而在这个问题中是直接的.

③ 大多数研究中的网络连接代表的含义相同, 而本问题的网络中边的含义不同, 比如可疑主题和正常主题.

④ 在大多数网络中节点的重要性只依赖于中心性, 然而在本问题的网络中节点的重要性不仅被它所处的地位影响, 而且被它的连接特性影响.

虽然没有完全适合于这个问题的研究, 但是可以参考已有的研究. 考虑到本问题的不同之处, 作者在犯罪网络分析模型中做了如下的关键性拓展:

① 网络中的所有工作人员都被认为是可疑的同谋者, 不同之处只有被认为是可疑同谋者的可能性大小. 对于已经识别的嫌疑犯, 可能性为 1; 对于清白者, 可能性为 0. 对于身份不明的员工, 可能性介于 0 和 1 之间, 有待确定. 犯罪嫌疑人和清白者可以被视为特殊的可疑同谋者, 就像直线可以被视为特殊的曲线.

② 根据本问题的情形可以忽略交流的方向. 在本网络中, 人员之间的交流意味着他们之间有联系. 并且, 信息交流是双方的, 与谈话的发起人无关.

根据上述修改, 基于 SNA 的社会网络分析模型可以用于描述本模型网络中的节点关系. 但是, 节点等级并不包括网络中的所有信息, 本模型的中心性不同于原始的 "中心性". 在原始的网络分析中, 中心性有 3 个测量方法被普遍使用: 度、接近数和介数, 这些在文献 [8] 中有定义.

度用来测量一个节点的活跃程度, 它定义为与节点 v 直接相连的边的数目. 一个度高的员工意味着这个员工与其他员工交流很频繁, 因此用这个指标表示一个员工的活跃程度. 公式如下:

$$d_d(v) = \sum_{i=1}^{n} a(i,v), \quad i \neq v$$

其中, $d_d(v)$ 表示网络度; $a(i,v)$ 表示一个二进制变量, 当节点 i 与节点 v 之间有连接时, $a(i,v) = 1$, 否则, $a(i,v) = 0$; n 表示网络中的节点数目.

考虑到网络的规模可能会发生改变, 为了比较不同图的中心性, 给出标准化的测量公式:

$$d_d(v) = \frac{\sum_{i=1}^{n} a(i,v)}{n-1}, \quad i \neq v \tag{6.10}$$

介数用来测量网络中一个已知节点位于其他节点之间的程度. 节点 v 的介数等于通过 v 的两点间的最短路径数量. 有着高介数的员工意味着有更多的信息流经他, 因此介数被用来衡量网络中一名员工在信息传递过程中的重要性. 考

虑网络规模的改变, 可以得到

$$d_b(v) = \frac{\sum_{i=1}^{n}\sum_{j=1}^{n} g_{ij}(v)}{(n-1)^2} \tag{6.11}$$

其中, d_b 表示节点 v 的介数; $g_{ij}(v)$ 表示二进制变量, 表示节点 i 和节点 j 的最短路径是否通过节点 v; n 表示网络中的节点数目.

接近数用来测量网络中一个已知节点与其他所有节点最短路径的长度总和, 它代表网络节点的紧密程度. 亲密度越高的节点意味着信息转移速度越快. 标准化后的公式表示如下:

$$d_c(v) = \frac{\sum_{i=1}^{n} l(i,v)}{(n-1)^2} \quad i \neq v \tag{6.12}$$

其中, $l(i,v)$ 代表节点 i 与节点 v 之间的最短路径, n 表示网络中的节点数目.

中心性由度、介数及接近数组成. 关于中心性有很多不同的定义, 但是基本上是相似的. 结合公式 (6.10)、(6.12) 和 (6.13), 这里选择一个一般的定义:

$$d_s(v) = \frac{d_d(v) + d_b(v)}{d_c(v)} \tag{6.13}$$

(2) 连接等级

在网络中, 节点通过边彼此连接, 每条边代表两个节点之间的一种联系. 例如, 在犯罪网络中, 边代表人员之间的信息流. 实际上, 不同主题的信息有着不同的安全等级; 信息流的方向可能影响网络中成员的重要性. 然而, 传统的犯罪网络分析并没有考虑到边的 "不同". 虽然有一些研究注重于犯罪网络的连接等级, 但是没有考虑足够多的信息.

1) 度量标准的选择

在本模型中, 为了确定所有的同谋者, 除了从节点等级考虑一个人的重要性, 还需考虑人与人之间信息传递定义的有关连接等级的指标. 由于目标是找到同谋者以及他们的领导, 所以本模型考虑的信息是可疑信息. 在这里, 作者使用刑事信息内容 (Criminal Information Content, CIC) 评价一个人涉及的可疑信息的数量. 根据已知信息, 总结出 CIC 可以由下列几个指标度量:

① 主题. 这里共有 15 个主题, 有些是可疑的有些是清白的. 那些通话涉及

可疑主题的人有可能是同谋者.

② 谈话对象. 假设所有的同谋者彼此密切联系, 因此, 如果一个人被确定是罪犯, 那么这个人密切交流的对象就很有可能是同谋者.

③ 方向. 这个指标用来描述一个人在一次谈话中是积极的还是消极的. 考虑两名员工, 一人积极地与其他人讨论可疑的主题而另一人消极地和其他人交流相同的主题, 不难认为前者更有同谋嫌疑. 因此这个指标有助于员工身份的鉴定.

2) CIC 的计算

CIC 的目标是边, 它表示一次交流. 对于一条定向的边, CIC 可以被定义为

$$W_1 = w_t f(v) + w_c g(v) + w_d h(v) \tag{6.14}$$

其中, W_1 表示 CIC 的值; w_t, w_c, w_d 分别表示主题、经常通话的人以及方向的权重; $f(v)$ 是一个二进制变量, 如果是可疑主题, $f(v) = 1$, 否则为 0; 如果边是点的出边, $h(v) = 1$, 代表这名员工与其他人讨论这个主题很积极, 否则值为 0.5, 代表这名员工在这次谈话中是被动的, 虽然他是消极的, 但是涉及了本次谈话并且接触到了本次的信息. $g(v)$ 是一个三进制变量, 如果谈话对象是一个已被确认的同谋者, 值为 1, 因为和一个同谋者谈话将会增加被认为是罪犯的可能性; 如果谈话对象是身份未明的人, 值为 0.5, 因为可能性不能确定; 如果谈话对象是清白者, 值为 0, 因为和一名清白者讨论是安全的.

如果一个人和其他人多次通话, 代表他的节点的度会比较大. 根据公式 (6.14), 可以写出这个人的 CIC 值:

$$W(v) = \sum_{i=1}^{n} [w_t f_i(v) + w_c g_i(v) + w_d h_i(v)] \tag{6.15}$$

3) 度量标准的权值确定

定义了度量标准后, 接下来将介绍如何确定三个指标的权重. 美国学者 T. L. Saaty 提出的层次分析法 (AHP) 是一种合适的方法, 用于给不同的指标赋予权值.

首先, 必须确定一个判断矩阵, 矩阵中有 3 个指标. 调查过程中可疑主题是关键因素. 一个人如果和罪犯通话可能有巨大的嫌疑. 交流的方向同样对于同谋

者的身份识别有帮助, 但是它的作用非常小. 作者根据经验给出每个指标的分数

为 $C_{\text{topic}} = 6, C_{\text{commun}} = 3, C_{\text{dir}} = 1$.

可以得到比较矩阵如下:

$$A = \begin{bmatrix} 1 & 2 & 6 \\ 1/2 & 1 & 3 \\ 1/6 & 1/3 & 1 \end{bmatrix} \tag{6.16}$$

其次, 根据矩阵 (6.16) 以及等式 $Aw = \lambda w$, 可以得出权向量 $w = [0.6, 0.3, 0.1]$.

最后, 由一致性检验得一致性指数 $CI = 0$, 意味着一致性比率 CR 恒等于 0. 由 AHP 确定的权重非常合理.

(3) ECNAM 的表达

在完成中心性和 CIC 的定义和计算后, 最终模型将确定.

中心性代表重要性和活跃度, 它的值代表信息传递的能力, 中心性越大表示它传递信息的能力越强. CIC 表示一个人传递的犯罪信息的数量.

最终的判别分数由中心性和 CIC 确定. 结合公式 (6.13) 和 (6.15), 得到 ECNAM 模型:

$$\begin{cases} d_s(v) = \dfrac{d_d(v) + d_b(v)}{d_c(v)} \\ W(v) = \displaystyle\sum_{i=1}^{n} [w_t f_i(v) + w_c g_i(v) + w_d h_i(v)] \\ S(v) = d_s(v) W(v) \end{cases}$$

为了判别罪犯和清白者, 定义倾斜度改变最大的点作为临界点.

根据上述模型, 所有人员可以被分成如下 4 种类型:

① 中心性值和 CIC 值都很低. 这种人不善交际没有犯罪信息, 因此这种人不可能是同谋者.

② 中心性值很低但是 CIC 很高. 这种人职位低并且很少与其他人交流. 根据推测, 同谋者相对活跃. 因此, 他们不可能是同谋者.

③ 中心性值很高但是 CIC 很低. 这种人在网络中非常重要并且具有较高职位, 他们在社会活动中非常积极, 然而他们没有讨论可疑的主题, 所以他们不可能是同谋者.

④ 中心性值和 CIC 值都很高. 这些人传递大量的犯罪信息并且和其他人交流可疑的话题, 这些人一定是需要鉴定的同谋者.

3. 问题解决

(1) 模型的验证

首先, 使用 EZ 事件这个简单的例子来检验我们的模型. 已知的信息如下:

① 有 10 个人, 5 个话题, 其中有 3 个是可疑话题.

② Dave 和 George 是已知的同谋者,Anne 和 Jaye 是清白的.

量化网络中的信息并用 Matlab 软件编程, 得到的结果如图 6-8 所示.

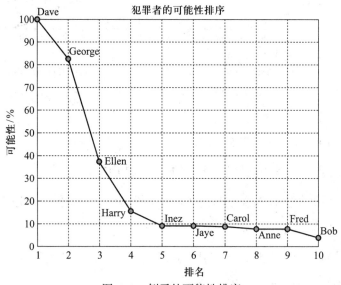

图 6-8　例子的可能性排序

从图中可以看到, 分数最高的前 5 人分别是 Dave, George, Ellen, Harry 和 Inez. 与实际的同谋者 Dave, George, Ellen, Harry 和 Bob 相比较, 只有一个人为误判, 错误率为 20%.

③ 假定检查员没有鉴定出 Bob, 那么她也将对 Harry 判断错误, 结果与专家相一致.

④ 团伙的领导是 Dave, 一个已经被确认犯罪的人. 因此, 结果十分可信.

(2) 要求 1 的结果

在这个要求中, 已知包括 Jean, Alex, Elsie, Paul, Ulf, Yao 和 Harvey 在内的 7 名同谋者, 8 名清白者以及 3 个可疑主题 7, 11, 13. 利用这些信息和 Matlab 软

件编程, 得到如图 6-9 所示的结果. 点表示每个人的分数, 显示的名字被认为是同谋者.

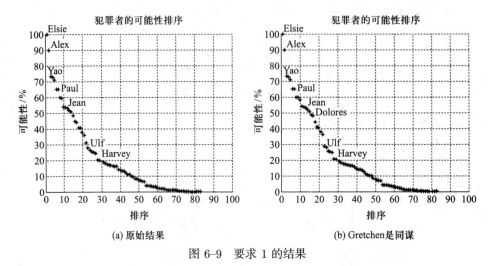

(a) 原始结果　　　　　(b) Gretchen是同谋

图 6-9　要求 1 的结果

从图 6-9(a) 可以得出如下结论:

① Elsie 分数最高, 所以犯罪集团的领导人是 Elsie.

② 7 名同谋者中有 5 人排名前 10, 表示模型中认定的同谋者通常有较高分数. 也就是说, 该模型很准确.

③ 在这家公司里一共有 23 名同谋者.

④ 根据得到的数据, 结果的精确度约为 80%.

如果 Gretchen 是公司的管理员, 观察结果可以发现他的排名是 18, 十分可疑. 因此决定把他认为已知的同谋者. 重新计算程序, 可以得到结果如图 6-9(b) 所示. 比较这两张图, 可以发现该信息对结果的影响非常的小.

4. 费希尔判别与 ECNAM 模型

这个问题也可以由英国统计遗传学家 R. A. Fisher 提出的费希尔线性判别解决. 费希尔线性判别是应用于统计、模式识别、机器学习的一种寻找特征的线性组合或将事物分成两个或多个种类的方法. 结果的组合可以被用做线性分类器, 更通俗地说, 为了后续分类的降维.

参考文献 [25], 基于费希尔判别的模型可以写成如下形式:

$$J_F(\boldsymbol{w}) = \frac{\boldsymbol{w}^{\mathrm{T}} \boldsymbol{S}_b \boldsymbol{w}}{\boldsymbol{w}^{\mathrm{T}} \boldsymbol{S}_w \boldsymbol{w}}$$

$$\begin{cases} \boldsymbol{w}^* = \boldsymbol{S}_w^{-1}(\boldsymbol{m}_1 - \boldsymbol{m}_2) \\ \boldsymbol{S}_b = (\boldsymbol{m}_1 - \boldsymbol{m}_2)(\boldsymbol{m}_1 - \boldsymbol{m}_2)^{\mathrm{T}} \\ \boldsymbol{S}_w = \displaystyle\sum_{i=1,2} \sum_{\boldsymbol{x} \in \boldsymbol{\chi}_i} (\boldsymbol{x} - \boldsymbol{m}_i)(\boldsymbol{x} - \boldsymbol{m}_i)^{\mathrm{T}} \end{cases}$$

其中, $\boldsymbol{m}_i$ 表示样本均值矢量; $\boldsymbol{S}_w$ 代表组内离差矩阵; $\boldsymbol{S}_b$ 代表组间的离差矩阵; J_F 为判别函数; $\boldsymbol{w}^*$ 为投影方向.

将费希尔判别与 ECNAM 模型进行比较. 这里选择了 3 个指标: 顶点的度、主题以及通话对象. 费希尔判别鉴定的同谋者见表 6–8.

表 6–8   费希尔判别鉴定的同谋者

编号	7	10	13	16	17	18	20
名字	Elsie	Dolores	Marion	Jerome	Neal	Jean	Crystal
编号	21	37	43	47	49	54	67
名字	Alex	Elsie	Paul	Christina	Harvey	Ulf	Yao

ECNAM 模型鉴定的同谋者见表 6–9.

表 6–9   ECNAM 模型鉴定的同谋者

序号	1	2	3	4	5	6	7
编号	8	22	4	68	45	44	20
名字	Elsie	Alex	Sherri	Yao	Patricia	Paul	Kristine
序号	8	9	10	11	12	13	14
编号	3	33	19	9	25	23	49
名字	Paige	Gretchen	Jean	Hazel	Franklin	Eric	Darlene

从上述的两张表, 可以总结出:

① 两者的结果差别很大, 只有 5 人相同, 而这 5 人都是已知的同谋者.

② 费希尔判别只能判别是否是同谋者, 而不能将他们按可能性大小排列.

③ 费希尔判别只使用了网络中的统计信息, 而 ECNAM 模型还使用了网络特性, 所以结果更加精确.

另外, 费希尔判别不能区分小样本的网络. 例如, 用费希尔判别去鉴定 EZ

的实例失败了.

5. 新发现的线索

随着案件的发展, 如果发现了新的线索, 结果将如何改变? 替换模型中的参量, 结果如图 6–10 和表 6–10 所示.

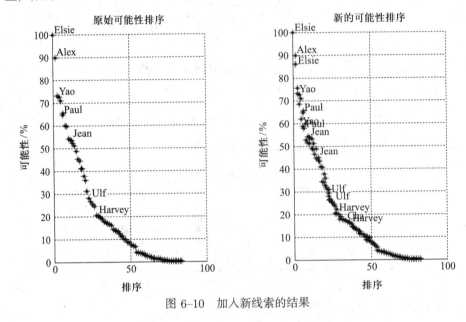

图 6–10 加入新线索的结果

表 6–10 两种情形被识别的前 8 名同谋者

等级	1	2	3	4	5	6	7	8
加入新线索	Sherri	Gretchen	Patricia	Julia	Kristine	Darlene	Franklin	—
原始数据	Sherri	Patricia	Kristine	Gretchen	Hazel	Franklin	Eric	Darlene

基于上述结果的简单讨论:

① 在模型中加入了新线索后, 同谋者的数量从原来的 23 名变为 28 名. 因为 Chris 变成了同谋者, 和 Chris 交流的人的可疑程度将增加. 根据假设, 如果他们讨论可疑的主题, 他是同谋者的可能性也就相应地增加了.

② 推测出的嫌疑犯大部分是相同的, 而疑犯的级别或多或少有些不同.

6. 改进语义网络分析

之前建立的区分同谋者和非同谋者的模型, 主题被绝对化地分成了两类: 有阴谋的和无阴谋的. 由于它忽略了主题之间的潜在联系, 本模型可以通过语义和文本分析进一步进行优化.

(1) 语义分析和文本分析简介

人们与外部世界交流时, 其中不经意的言论可能会暴露内心的想法. 语义分析和文本分析就是用来理解文本信息的方法. 因此, 或许可以找到主题之间的潜在联系.

在该犯罪侦破方案中, 信息交流中的连接只对边的权重有影响. 文本分析指的是能够代表文本特征的选取. 这些从文本中提取的特征词量化后用来代表信息, 特征词提供了一个有效的方法过滤掉不需要的信息并将主题分类. 如果能从主题中提取特征词, 主题就可以被分为不同的部分, 并且能找到潜在的联系. 因此, 精确值是得到更好模型的关键.

(2) 文本分析在 ECNAM 模型中的应用

因为不能获取原始信息, 决定边值的唯一办法是使用文本分析将已知的主题分成更详细的子主题. 最重要的问题在于如何选择特征词. 作者提出了如下 4 个标准: 是否讨论了经济形势、安全措施、已知的同谋者和使用西班牙语讨论作为密语. 用 4 个变量即 i_1, i_2, i_3, i_4 代表这 4 个标准, 变量的值为 0 或 1.

基于这 4 个标准, 得到计算每条边权重的公式:

$$c_1 = k_1 i_1 + k_2 i_2 + k_3 i_3 + k_4 i_4 \tag{6.17}$$

其中, k_1, k_2, k_3, k_4 为偏爱系数, 取决于评估人员如何考虑每个指标. k_1, k_2, k_3, k_4 服从约束:

$$k_1 + k_2 + k_3 + k_4 = 1$$

为简化模型, 这里认为这 4 个指标的重要性相同. 所以,

$$k_1 = k_2 = k_3 = k_4 = 0.25$$

由公式 (6.17), 15 个主题的权值见表 6–11.

由表 6–11, 可以得到如下结论:

① 基于每个主题的权值, 15 个主题可以被分成 5 组. 主题 3、主题 8 和主题 10 对犯罪活动没有作用被分为一组. 主题 1、主题 2、主题 4、主题 6、主题

9、主题 12 和主题 14 权重都为 0.25 分为一组. 主题 5 和主题 15 分为一组, 主题 7 和主题 11 分为一组, 因为它们展现出来一些关于犯罪的线索. 主题 13 一组, 因为它直接和犯罪活动相关.

② 主题 7、主题 11 和主题 13 的权值表明, 这些主题与犯罪活动有紧密联系.

③ 主题 3、主题 8 和主题 10 的权值为 0. 其余主题由于主题之间的潜在联系被发现而发生了改变.

表 6–11   15 个主题的权值

主题号	1	2	3	4	5	6	7	8
权值	0.25	0.25	0	0.25	0.5	0.25	0.75	0
主题号	9	10	11	12	13	14	15	
权值	0.25	0	0.75	0.25	1.0	0.25	0.5	

现在表 6–11 可以应用于 ECNAM 代替原来的 0.6.

(3) 比较与分析

用上述计算值替换模型中的参数, 得到结果如图 6–11 所示.

为了更好地看到使用文本分析的效果, 前 8 名同谋者和他们的分数被列出如表 6–12 所示。

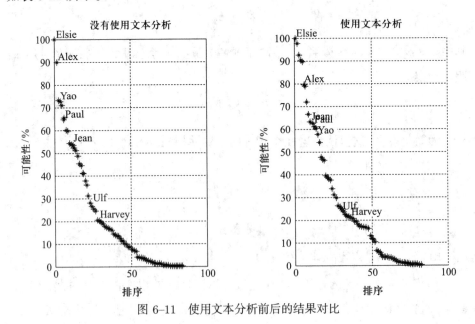

图 6–11   使用文本分析前后的结果对比

表 6–12 是否使用文本分析的结果

排名		1	2	3	4	5	6	7	8
使用文	名字	Sherri	Franklin	Gretchen	Patricia	Kristine	Julia	Jerome	Hazel
本分析	分数	97.70%	90.29%	89.62%	78.94%	71.98%	66.24%	60.91%	60.15%
未使用	名字	Sherri	Patricia	Kristine	Gretchen	Hazel	Franklin	Eric	Julia
文本分析	分数	73.18%	70.88%	64.93%	59.56%	53.53%	52.93%	52.04%	48.44%

从图 6–11 和表 6–12, 可以得出如下结论:

① 根据假设, 可能性高于 50% 的人将被认定为罪犯. 因此, 包括已知同谋者在内共有 18 名共犯. 没有使用文本分析确定 16 名同谋者. 主题的权重可以很好地解释同谋者数目增加.

② 两种情景的前 8 名同谋者有 7 人一样, 使用文本分析后可能性高很多, 这也使得同谋者的确定更使人信服.

两种方法有着相同的误判率, 都将 Paige 误判为同谋者而将 Ulf 和 Harvey 误判为清白者. 因此, 误判率约为 20%.

7. 仿真与分析

在深度分析中, 主要内容是分析同谋者的活动特性. 基于分析结果, 调查者可以进行有目标的监督、执行特殊的调查以及同谋者身份背景信息的重点调查.

在分析中, 重点关注的同谋者网络是由作者之前确定的 28 名同谋者及他们之间的信息交流组成.

在该网络中, 度代表一个同谋者与多少其他同谋者交流; 接近性代表一名同谋者是否直接与其他人交流, 由他们的度表现, 接近性越小表示交流越直接; 介数表示在信息传递链中一名同谋者的重要性; 最后一个特性是最短距离分布. 计算结果见图 6–12.

基于图 6–12, 可以得出以下的结论:

① 所有点的度都大于 5, 说明同谋者之间交流很频繁. 可以推测同谋者经常彼此交流关于阴谋的事.

② 随着临近点的增加, 同谋者的接近性也在平稳增加. 因此可能存在一个潜在的领导者.

③ 当同谋者有不同数量的临近点时, 节点的介数也会发生改变. 在网络的

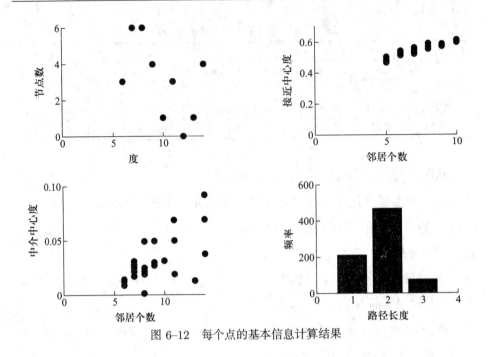

图 6-12 每个点的基本信息计算结果

信息传递中存在复杂性.

④ 网络中的最短距离长度为 1 或 2, 这证明网络中的交流非常有效, 同谋者不需要很多的中间节点去传递信息.

上述分析展现了同谋者之间的信息交流是一个紧密的连接网络. 同谋者之间讨论很多, 可以作为判断同谋者的一个基础特征.

进一步的问题是, 如何确定同谋者网络中的领袖, 之后确定网络的层级. 换句话说, 同谋者如何交流讨论阴谋以及阴谋集团的命令是如何被传递和执行的.

为了确定领袖, 考虑网络中的每一个同谋者的地位. 用 3 个指标去描述同谋者: 网络中代表同谋者的节点的度、介数以及接近性.

用这 3 个指标的分数之和来判断领袖:

$$分数 = 度 + 介数 + 接近性$$

同谋者排序前 5 名的指标数据见表 6-13. 从表 6-13 和图 6-13, 可以得出如下结论:

① Sherri 最有可能是该网络的领袖.

② Elsie 的分数很接近 Sherri. 他们可能一起合作犯罪计划.

③ 度是关键指标, 在最终结果中贡献了超过一半的分数.

④ Gretchen 是高级主管, 在领袖侦查中排第 5. 他在调查过程中值得引起特别注意.

表 6–13 同谋者排序前 5 名的指标数据

编号	名字	度	介数	接近数	领导分数
3	Sherri	0.7407	0.1824	0.1015	1.0247
7	Elsie	0.7037	0.2209	0.0988	1.0233
67	Yao	0.7037	0.1029	0.1097	0.8711
21	Alex	0.6667	0.0947	0.1097	0.8711
32	Gretchen	0.5556	0.1578	0.1015	0.8148

另一方面, 作者讨论了 3 个可疑主题对同谋者网络特征的影响. 涉及的指标有: 活跃度指标、节点联系指标和节点平均分数指标.

活跃度指标表示信息交流中特殊主题的数量. 一个主题被讨论得越多, 它的信息量就越大, 活跃度指数就越大. 节点联系指标表示主题中涉及的人的数量. 节点平均分数指标表示的是主题中涉及的人是同谋者的可能性分数的均值.

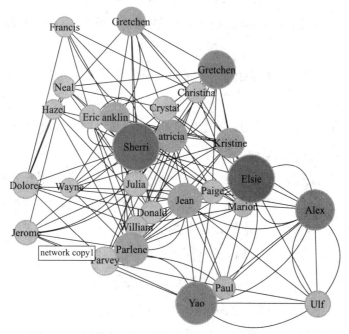

图 6–13 同谋者网络: 节点分数越高, 节点越大颜色越深

根据 3 个指标的定义进行计算, 然后绘制直观图形, 如图 6–14 所示. 3 个指

标的概念已在文中给出.

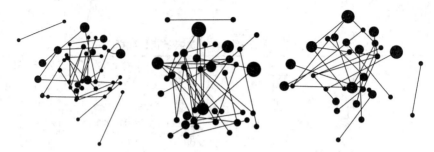

图 6–14　主题 7、主题 11 及主题 13 的节点直观布局

表 6–14　主题 7、主题 11 及主题 13 的指标

主题指标	主题 7	主题 11	主题 13
活跃度指标	40	35	29
节点联系指标	40	44	35
节点平均分数指标	32.78	30.50	36.60

根据图 6–13、图 6–14 及表 6–14, 可以得出以下结论:

① 主题 7 的活跃度指标最高, 为 40. 主题 7 可能是犯罪集团讨论特定计划的主题.

② 主题 11 的节点联系指标明显高于其他, 涉及了更多的人, 是一个一般主题.

③ 主题 13 的节点平均分数指标最高, 讨论该主题的人有着更高的阴谋可能性.

现在, 调查有最高犯罪可能性的 5 个人, 作为网络中获取同谋者特征的样本. 使用前面定义的指标、节点的度、介数以及接近性等来评价他们的重要性.

根据图 6–15 和表 6–15, 可以得出以下结论:

① 指标数据值高和度大的人将首先被认为是同谋者.

② 一个人越深入接触可疑的主题和人, 得分越高.

③ 网络中通行量的增加使得最终得分相应增加.

综上, 可以得到最终结论:

① 同谋者的网络节点连接很紧密, 他们直接交流并且没有通过中心点. 虽然整个网络有些分层的特征.

② 阴谋主题仍然有待讨论, 没有一个主要的阴谋主题.

③ 为了加入阴谋, 一个人将不可避免地产生很多与阴谋集团相关的活动.

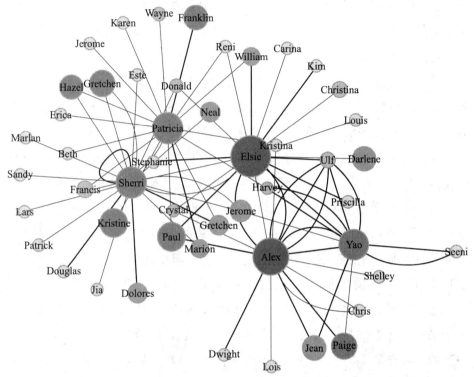

图 6-15 前 5 名同谋者的节点与他们的临近点、节点规模最终映射分数

表 6-15 前 5 名同谋者节点的指标数据和编号

编号	名字	指标数据	度	介数	接近数	分数
7	Elsie	7.8	0.24	0.10	0.04	100.00
21	Alex	8.6	0.24	0.04	0.04	90.08
3	Sherri	4.2	0.26	0.18	0.04	73.18
67	Yao	9.0	0.18	0.05	0.04	72.73
44	Patricia	7.5	0.21	0.04	0.04	70.88

6.3 问题的综合分析与进一步研究的问题

6.3.1 问题的综合分析

本章介绍了两个不同的犯罪网络模型, 这两个模型均选自 2012 年美国大学

生数学建模竞赛 C 题的特等奖论文.

第一个模型首先讨论了犯罪组织最基本的特质, 而基于最基本的保密性行为, 定义了被称为合作距离的测度. 根据合作距离的长度, 讨论一个人是否应该被看成是一个阴谋组织的参与人, 因为与犯罪集团联系最为紧密的人有理由被认为是他们中一员.

中心度分析理论提供了一种极为简便及合理的方法, 来寻找社会网络中最具重要性的成员. 同时, 对原始的方法做了一些改进, 使得它能够在有向图中也表现良好. 事实证明, 阴谋负责人在重要性分析中的确有最高的犯罪得分.

在模型的改进过程中, 应用了基于语义网络分析法与文本分析法. 可视化可能是传统分析法与当前网络分析法最本质的区别. 在对最初的社会网络分析模型进行改进之后, 模型很成功地构建出了一个语义网络, 其中, 信息主体与关键字通过文字意义彼此相连. 虽然这个分析方法的客观性十分吸引人, 但是不能忽视的是不同水平的人工智能系统对信息的归类是阻止这个方法进一步发展的主要障碍. 希望这个情况可以在不远的将来, 得到一个比较好的解决.

随后通过文本分析法得出了一个中规中矩的结果. 对于这样的情况, 可能是由于采集的信息量过少导致的. 但是最后的结果也在可接受范围之内, 它与前面得到的结果有非常高的相似程度. 有理由相信, 如果有更为准确的信息, 最终可以得到一个令人信服的分析结果.

该模型 [26] 从图和网络的基本概念出发, 给出网络中合作距离的定义, 根据合作距离寻找相应的犯罪团伙. 然后利用中心度分析方法建立一个判别规则, 进而确定是主谋的疑犯. 最后根据语义网络分析和文本分析的方法, 扩展了该模型的应用.

第二个模型从网络和实际观点两个角度定义指标, 对于简单的EZ事件, 利用 Matlab 软件编程量化网络中的信息, 得到了误判率较小的结果并且准确地找到了犯罪团伙的主谋. 进而作者把该模型应用到了题目中的大型网络, 并把结果与费希尔判别方法做了比较, 得到了比费希尔判别更为精确的结果, 最后作者利用语义网络分析推广了该模型。

该模型的主要特点是 [26]: 该模型对组织中的职员关系和信息流进行了一个全面的网络分析. 他们给出了职员间关系和犯罪网络的运行机制的深度分析并进行了相应的扩展. 该报告以可视化的形式展示了他们的结构、模型分析和结果,使读者能够比较容易地了解他们的工作并相信他们的结果. 该论文通过使用网络测度和数据分析解决节点、边和数据的贡献, 进而展示社会网络分析的效率, 是网络建模的优秀的例子.

6.3.2 进一步研究的问题

当前, 文本分析已经成为网络科学中一种颇为流行的分析方法, 主要应用于大量数据的处理, 而最基本的领域有: 基于规则与学科知识的分析方法, 统计计算与计算机学习[27]。前者主要分析知识信息的结构, 后者则重点强调对整个句子的分类。同时, 语义网络分析法在知识融合与探索领域中的表现也一直在研究考察中[28]。

社会网络分析的方法和理论, 为在一个信息内容和语境被特别强调的网络中构造语义网络提供了坚实的理论基础. 在每一个社会网络中, 人与人之间的差异可被看作存在于他们的社交经验及与他人的关系, 而这些差异也将最终引导我们根据这样或那样的特质将整个社交网络划分成各个不同的部分, 使得网络的各种特质能同时都体现出来。通过对网络中有效信息的提取, 我们可以将语义网络分析和文本分析应用到更深层次的网络.

中心度分析理论也为研究节点在整个网络中的结构重要性, 提供了一个很好的测度 [29]. 这种对重要性的量化分析可以帮助我们寻找网络中的中心节点. 因此, 我们可以使用一个包含了上述高效可行的理论分析的方法来将我们的总体分析模型应用到一个更为广大、更为现实的社会网络上, 同时, 更加丰富、更加先进的人工智能系统也将更好地为我们提供网络分析模型的信息归类能力, 进而不断提高分析结果的合理性与可靠性.

参考文献

[1] Chen H, Chung W, Xu J J. Crime data mining: a general framework and some example[J]. Computer, 2008, 37(4): 50–56.

[2] Wiesbaden B. Polizeiliche Kriminalstatistik[M]. Berichtsjahr: Bundesrepublik Deutschland, 2007.

[3] Sparrow M K. The application of network analysis to criminal intelligence:an assessment of the prospects[J]. Social Networks, 1991, 13(3): 251–274.

[4] 沈浩. 社会网络分析 [EB/OL].(2009-11-07)[2014-12-31]. http://shenhaolaoshi.blog.sohu.com/136119138. html.

[5] Chai S. 六个主要的社会网络分析软件比较 [EB/OL]. (2010-09-07)[2014-12-31]. http://blog.csdn.net/ chaishen10000/article/details/5869445.

[6] 董宸, 钱存乐, 马健军, 等. 基于社会网络分析理论的犯罪网络侦测方案设计 [J]. 数学建模及其应用, 2012, 1(2): 72–82.

[7] Fard A M, Ester M. Collaborative mining in multiple social networks data for criminal group discovery. IEEE CSE'09 Proceedings of the 2009 International Conference on Computational Science and Engineering, Vancouver, August 29–31, 2009[C].

[8] Freeman L C. Centrality in social networks conceptual clarication[J]. Social Networks, 1979, 1(3): 215–239.

[9] Xu J, Chen H. Criminal network analysis and visualization[J]. Communications of the ACM, 2005, 48(6): 100–107.

[10] Barrat A, Barthelemy M, Pastor R. The architecture of complex weighted networks[J]. Proceedings of the National Academy of Sciences of the United States of America, 2004, 101(11): 3747.

[11] Newman M E J. Analysis of weighted networks[J]. Physical Review E, 2004, 70(5): 056131-1-9.

[12] Opsahl T, Colizza V, Panzarasa P, et al. Prominence and control:the weighted rich-club effect[J]. Physical Review Letters, 2008, 101(16): 168702-1-7.

[13] Opsahl T, Agneessens F, Skvoretz J. Node centrality in weighted networks: generalizing degree and shortest paths[J]. Social Networks, 2010, 32(3): 245–251.

[14] Baker W E, Faulkner R R. The social organization of conspiracy: illegal networks in the heavy electrical equipment industry[J]. American Sociological Review, 1993, 58(6): 837–860.

[15] Krebs V E. Mapping networks of terroristcells[J]. Connections, 2002, 24(3): 43–52.

[16] Brass D J. Being in the right place: a structural analysis of individual inuence in an organization[J]. Administrative Science Quarterly, 1984, 29(4): 518–539.

[17] Borgatti S P. Centrality and network flow[J]. Social Networks, 2005, 27(1): 55–71.

[18] Sowa J F. Semantic networks[J]. Encyclopedia of the Sciences of Learning, 1992, 23 (92): 1–50.

[19] Kleinberg J M. Authoritative sources in a hyperlinked environment[J]. Journal of the ACM, 1999, 46(5): 604–632.

[20] Hoser B, Hotho A, Aschke R J, et al. Semantic network analysis of ontologies[J]. The Semantic Web Research and Applications: Lecture Notes in Computer Science, 2006, 4011: 514–529.

[21] Nasukawa T, Nagano T. Text analysis and knowledge mining system[J]. IBM Systems Journal, 2001, 40(4): 967–984.

[22] 齐世伟. 网络文本挖掘及其在事件相关性情报分析中的应用 [D]. 长沙: 国防科技大学, 2008.

[23] 石志伟, 刘涛, 吴功宜. 一种快速高效的文本分类方法 [J]. 计算机工程与应用, 2005, 41(29): 180–183.

[24] Zhu D K, Yang J M, Chen X. Extended Criminal Network Analysis Model Allows Conspirators Nowhere to Hide. Outstanding Paper in 2012 ICM.

[25] Mika S, Ratsch G, Weston J, et al. Fisher discriminant analysis with kernels[J]. Neural Networks for Signal Processing IX, Proceedings of the 1999 IEEE Signal Processing Society Workshop, 1999, 9: 41–48.

[26] Chris A, Kathryn C. Judges' commentary: modeling for crime busting[J]. The UMAP Journal, 2012, 33(3): 293–302.

[27] Cohen K B, Hunter L. Getting started in text mining[J]. PLOS Computational Biology, 2008, 4(1): 20–24.

[28] Chen H, Ding L, Wu Z, et al. Semantic web for integrated network analysis in biomedicine[J]. Briefings in Bioinformatics, 2009, 10(2): 177–192.

[29] Chan K, Liebowitz J. The synergy of social network analysis and knowledge mapping: a case study[J]. International Journal of Management and Decision Making, 2006, 7(1): 19–35.

美国 MCM/ICM 竞赛指导丛书　图书清单

序号	书号	书名	作者
1	ISBN 978-7-04-047672-9	正确写作美国大学生数学建模竞赛论文（第2版）	Jay Belanger 王杰
2	ISBN 978-7-04-033845-4	美国大学生数学建模竞赛题解析与研究 第1辑	西北工业大学数学建模课题组
3	ISBN 978-7-04-036416-3	美国大学生数学建模竞赛题解析与研究 第2辑	韩中庚 郭晓丽 杜剑平 等
4	ISBN 978-7-04-033902-4	美国大学生数学建模竞赛题解析与研究 第3辑	赵仲孟 王嘉寅 乔琛 等
5	ISBN 978-7-04-038751-3	美国大学生数学建模竞赛题解析与研究 第4辑	窦霁虹 王连堂 孟文辉 等
6	ISBN 978-7-04-033914-7	美国大学生数学建模竞赛题解析与研究 第5辑	王杰 Jay Belanger 吴孟达 等
7	ISBN 978-7-04-041676-3	MCM/ICM 数学建模竞赛第1卷（英文版）	Jay Belanger 等
8	ISBN 978-7-04-044965-5	MCM/ICM 数学建模竞赛第2卷（英文版）	Jay Belanger 等
9	ISBN 978-7-04-049121-0	MCM/ICM 数学建模竞赛第3卷（英文版）	Jay Belanger 等